실험실
안전관리
핸드북

한국환경공단

실험실 안전관리 핸드북 CONTENTS

chapter 1 일반개요 ········ 5

　1 목적 및 적용범위 ········ 6
　2 주요법령 및 지침 ········ 6
　3 실험실 내 필수 게시사항 ········ 7
　　3-1 산업안전보건법령 요지 ········ 7
　　3-2 K-eco 안전보건경영 방침 ········ 13
　4 연간 안전보건관리 점검 및 평가 일정 ········ 14
　5 실험실 안전점검 시 필수 구비서류 ········ 15

chapter 2 실험실 및 부대시설 안전관리 ········ 17

　1 실험실 안전관리 ········ 18
　　1-1 실험실 안전점검 ········ 18
　　1-2 예방문구(안전보건표지)의 표시 ········ 21
　　1-3 국소배기장치 관리 ········ 24
　　1-4 긴급 세안장치 및 세척시설 운영 ········ 28
　2 부대시설 안전관리 ········ 30
　　2-1 고압가스 관리 ········ 30
　　2-2 지정폐기물 보관 및 관리 ········ 34
　　2-3 비상대피등 및 화재대피도 ········ 37
　　2-4 소화기 관리 및 점검 ········ 39
　　2-5 방사성동위원소 장비 관리 ········ 41

chapter 3 화학물질 안전관리 ········ 43

　1 유해화학물질 취급시설 관리(화학물질관리법) ········ 44
　　1-1 유해화학물질 소량 취급시설 기준 ········ 44

1-2 유해화학물질 취급시설 표시		45
1-3 자체점검 및 화학물질관리대장 작성		47
1-4 유해화학물질 보관 및 관리(시약 보관관리)		50
1-5 유해화학물질 방재장비 구비		52

2 실험실 유해물질 관리(산업안전보건법) · 54

2-1 관리대상 유해물질		54
2-2 특별관리물질		55
2-3 소분시약(유해물질) 관리		57
2-4 물질안전보건자료(MSDS) 관리		58

3 위험물지정수량 관리(위험물안전관리법) · 60

---

chapter 4 근무자 안전보건관리 · · · · · · · 63

1 특수건강검진 · 64
2 작업환경측정 · 65
3 개인보호구 지급 및 관리 · 66
4 MSDS 교육 · 70
5 산업안전보건 교육 · 71

---

chapter 5 부록 · · · · · · · 73

1 위험업무위험성 평가 · 74

1-1 정의 및 적용대상		74
1-2 수행절차 및 주요사례		75

2 유해위험성 평가 · 80
3 유해화학물질 취급시설 검사 · 81

3-1 개요		81
3-2 업무절차 및 필요서류		83

1 chapter
일반개요

1	목적 및 적용범위	6
2	주요법령 및 지침	6
3	실험실 내 필수 게시사항	7
3-1	산업안전보건법령 요지	7
3-2	K-eco 안전보건경영 방침	13
4	연간 안전보건관리 점검 및 평가 일정	14
5	실험실 안전점검 시 필수 구비서류	15

1. 목적 및 적용범위

목적
- 본 핸드북은 안전 관련 법령에 따라 주기적인 안전관리 이행 및 내·외부 안전기관 수검 시 효과적으로 점검·대응하는데 참고가 될 수 있도록 하는데 그 목적이 있다.

적용범위
- 한국환경공단 실험실에 근무하는 안전관리자 및 실험종사자에게 참고자료로서 적용 가능하다.
- 본 핸드북에 수록된 '주요 안전 점검 및 관리사항'은 「실험실 및 유해화학물질 취급시설 안전관리 매뉴얼(환경기술연구소, 2020)」의 내용을 기반으로 안전관련법령, 지침 및 규칙, KOSHA-MS 매뉴얼, 현장평가 수검 시 개선 사례 등을 종합적으로 고려하여 수록하였다.
- 본 핸드북과 관련된 실제 점검 사항은 절대적인 평가지표가 될 수 없으며, 안전관련 법령 개정 등에 따라 본 핸드북의 내용과 상이할 수 있다.

2. 주요 법령 및 지침

구분	내용
산업안전보건법	위험성평가, 근로자 교육·보건 등에 관한 사항
산업안전보건에 관한 규칙	개인보호구, 경고 표시 등에 관한 사항
위험물안전관리법	위험물 저장·취급 미 운반 등에 관한 사항
화학물질관리법	실험실 내 유해화학물질 취급 등에 관한 사항
고압가스안전관리법	가스 안전점검, 보관 등에 관한 사항
원자력안전법	방사성동위원소 또는 방사선 발생장치 사용자에 관한 사항
폐기물관리법	지정폐기물 보관·관리 등에 관한 사항
실험실 안전보건에 관한 기술지침	실험실 점검, 안전 등에 관한 지침
KOSHA-MS	공단 전사에 적용되는 안전보건경영시스템 관련 사항

3 실험실 내 필수 게시사항

3-1 산업안전보건법령 요지

▶ 산업안전보건법 제34조(법령 요지 등의 게시 등)에 따라 이 법에 따른 명령의 요지 및 안전보건 관리규정을 각 사업장의 근로자가 쉽게 볼 수 있는 장소에 게시하거나 갖추어야 함('21. 11. 19. 산업안전보건법)

No.	산업안전보건법	주요내용	벌칙
1	제16조 [관리감독자]	▶ 관리감독자는 근로자의 작업복, 보호구 방호장치의 점검, 착용 교육/작업의 지휘 감독, 교육 등을 실시하여야 함	500만 원 이하의 과태료
2	제17조 [안전관리자] 제18조 [보건관리자] 제19조 [안전관리 담당자]	▶ 상시근로자의 인원과 건설공사의 규모 별 안전관리자, 보건관리자, 안전보건관리담당자를 지정하거나 선임 또는 보건관리전문기관에 위탁하여 관리감독자에게 지도, 조언 업무수행	500만 원 이하의 과태료 (각 조항당)
3	제24조 [산업안전 보건위원회]	▶ 해당 시 노사 동수로 구성되는 산업안전보건위원회를 구성·운영	500만 원 이하의 과태료
4	제25조 [안전보건관리 규정의 작성]	▶ 해당 시 사업장의 안전 및 보건을 유지하기 위하여 안전보건관리규정 작성	500만 원 이하의 과태료
5	제29조 [근로자에 대한 안전보건교육]	▶ 정기교육 : 비사무직(6시간 이상/분기), 사무직(3시간 이상/분기) ▶ 채용 시 교육 : 일용근로자 제외한 근로자(8시간 이상), 일용근로자(1시간 이상) ▶ 작업내용 변경 시 : 일용근로자 제외한 근로자 (2시간 이상), 일용근로자(1시간 이상) ▶ 특별안전보건교육 : 일용근로자 제외 근로자 (16시간 이상), 일용근로자(2시간 이상) ▶ 관리감독자 교육 : 반장, 조장, 생산과장, 생산부장 등 관리감독자(연간 16시간 이상)	500만 원 이하의 과태료 (특별안전보건 교육은 3천만 원 이하의 과태료)

3. 실험실 내 필수 게시사항

No.	산업안전보건법	주요내용	벌칙
6	제32조 [안전보건관리책임자 등에 대한 직무교육]	▶ 사업주는 안전보건관리책임자, 안전관리자, 보건관리자, 안전보건관리담당자, 관련 기관에서 안전과 보건에 관련된 업무에 종사하는 사람 등에게 직무와 관련한 안전보건교육 이수하도록 해야 함 • 시간, 내용 및 방법은 「산안법」 시행규칙 제26조 기준	500만 원 이하의 과태료
7	제34조 [법령 요지 등의 게시 등]	▶ 본 법령요지 및 안전보건관리규정을 게시하여 근로자로 하여금 알게 하여야 함	500만 원 이하의 과태료
8	제36조 [위험성평가의 실시]	▶ 사업장의 위험요인을 찾아내어 평가하고 이 법에 따른 조치를 하고 기록 보존 하여야 함 (안전보건관리책임자가 총괄관리 : 해당 작업장의 근로자 참여 필수)	안전보건관리책임자, 안전관리자, 보건관리자 등 500만 원 이하의 과태료
9	제37조 [안전보건표지의 설치, 부착]	▶ 사업주는 유해하거나 위험한 장소, 시설, 물질에 대한 경고 비상시 대처 등 안전 및 보건의식 고취를 위한 표지를 부착하여야 함 (「산안법」 시행규칙 [별표 7, 8, 9] 기준) • 금지표지(출입금지, 사용금지 등) / 경고표지 (인화성, 산화성, 독성 물질 등) • 외국인근로자는 외국인근로자의 모국어로 별도 작성하여 설치 및 부착	500만 원 이하의 과태료
10	제38조 [안전조치]	▶ 기계 / 폭발성 물질 / 전기 및 굴착 / 하역 / 중량물 취급 및 추락 / 토사붕괴 / 낙하물 등의 위험으로 부터 적절한 조치를 취하여야 함	근로자 사망시 7년 이하의 징역 또는 1억 원 이하의 벌금
11	제39조 [보건조치]	▶ 증기 / 흄 / 미스트 및 방사선 / 소음진동 및 정밀공작 / 단순반복 및 환기 / 채광 / 조명 / 보온 등 작업장과 근로자 근무조건 등의 환경에 의한 건강장해 예방	근로자 사망시 7년 이하의 징역 또는 1억 원 이하의 벌금

No.	산업안전보건법	주요내용	벌칙
12	제51조 [작업중지 및 대피]	▶ 산업재해가 발생할 급박한 위험이 있을 때 즉시 작업중지 및 근로자 대피 등 안전·보건조치	5년 이하 징역 또는 5천만 원 이하 벌금
13	제54조 [중대재해 발생 시 사업주의 조치]	▶ 즉시 해당 작업중지 및 대피 등의 안전·보건조치 실시 ▶ 중대재해 발생시 해당작업 중지 및 전화·팩스 또는 그 밖의 적절한 방법으로 지체없이 관할 지방고용노동관서의 장에게 보호	5년 이하 징역 또는 3,000만 원 이하의 과태료
14	제57조 [산업재해 발생 은폐 금지 및 보고 등]	▶ 산재발생시 은폐해서는 아니 되며, 발생원인 등을 기록하여 3년간 보존하여야 함 • 사망 시 : 지체 없이 관할 노동지청에 전화/팩스 등의 방법으로 보고, 1개월 이내에 산업재해조사표 보고 • 부상 시 : 3일 이상 휴무 시 1개월 이내에 산업재해조사표 보고	(은폐) 1년 이하의 징역 또는 1천만 원 이하의 벌금 (미보고 및 거짓보고) 1천 500만 원 이하의 과태료
15	제58조 [유해한 작업의 도급금지]	▶ 근로자의 안전 및 보건에 유해하거나 위험한 작업 도급 금지	10억 원 이하의 과징금
16	제63조 [도급인의 안전조치 및 보건조치]	▶ 도급인은 관계수급인 근로자가 도급인 사업장에서 작업하는 경우 모두의 산재를 예방하기 위하여 안전 및 보건 시설의 설치 등 필요한 조치를 해야 함 (보호구 착용 등 직접적 지시제외)	근로자 사망시 7년 이하의 징역 또는 1억 원 이하의 벌금
17	제64조 [도급에 따른 산업재해 예방조치]	▶ 도급인은 관계수급인 근로자가 도급인의 사업장에서 작업을 하는 경우 • 도급인과 수급인을 구성원으로 하는 안전 및 보건에 관한 협의체의 구성 및 운영, 안전보건교육의 실시 확인 및 지원, 작업장 순회점검	500만 원 이하의 과태료

3 실험실 내 필수 게시사항

No.	산업안전보건법	주요내용	벌칙
18	제65조 [도급인의 안전 및 보건에 관한 정보 제공 등]	▶ 관계수급인 근로자가 도급인 사업장에서 작업을 하는 경우 • 유해성·위험성이 있는 화학물질 또는 화학물질을 포함한 혼합물을 제조·사용·운반 등	1년 이하의 징역 또는 1천만 원 이하의 벌금
19	제80조 [유해하거나 위험한 기계기구에 대한 방호조치]	▶ 누구든지 동력으로 작동하는 기계·기구로서 대통령령으로 정하는 것은 고용노동부령으로 정하는 유해·위험 방지를 위한 방호조치를 하지 아니하고는 양도, 대여, 설치 또는 사용에 제공하거나 양도·대여의 목적으로 진열해서는 아니 됨 • 예초기, 원심기, 공기압축기, 금속절단기, 지게차, 포장기계(진공포장기, 랩핑기 한정)	1년 이하의 징역 또는 1천만 원 이하의 벌금
20	제84조 [안전인증]	▶ 프레스, 전단기, 크레인, 리프트, 압력용기, 롤러기, 사출성형기, 고소작업대, 곤돌라, 양중기 과부하방지장치, 안전밸브, 파열판, 방폭 구조 제품의 방호장치 및 보호구는 성능의 안전성을 위하여 안전 인증기준을 인정받은 제품을 사용해야함 • 확인의 방법 및 주기 : 「산안법」 시행규칙 제111조 참고	3년 이하의 징역 또는 3천만 원 이하의 벌금
21	제87조 [안전인증대상기계 등의 제조등의 금지 등]	▶ 안전인증을 받지 않거나 기준에 맞지 아니한 경우 등은 사용하여서는 아니됨	3년 이하의 징역 또는 3천만 원 이하의 벌금
22	제93조 [안전검사]	▶ 프레스, 전단기, 크레인(2톤 이상), 리프트, 압력용기, 곤돌라, 국소배기장치(이동식 제외), 원심기(산업용만 해당), 롤러기(밀폐형 구조 제외), 사출성형기(형 체결력 294킬로뉴턴 이상), 고소작업대(화물 또는 특수자동차에 탑재 한정), 컨베이어, 산업용 로봇 • 검사주기 : 「산안법」 시행규칙 제126조 참고	1천만 원 이하의 과태료

No.	산업안전보건법	주요내용	벌칙
23	제110조 [MSDS의 작성 및 제출]	▶ 물질안전보건자료대상물질을 제조하거나 수입하려는 자는 "물질안전보건자료"를 작성하여 고용노동부장관에게 제출하여야 함 • 화학물질 중 유해인자 분류기준에 해당하지 않는 화학물질의 명칭 및 함유량은 별도로 제출	500만 원 이하의 과태료
24	제112조 [MSDS의 일부 비공개 승인 등]	▶ 영업비밀과 관련되어 화학물질의 명칭 및 함유량을 비공개하려는 경우 고용노동부장관의 승인을 받아야 하며, 승인시에는 대체명칭 및 대체함유량을 기재 • 사전 승인시 비공개 타당성, 대체자료의 적합성, MSDS의 적정성 확인	500만 원 이하의 과태료
25	제114조 [MSDS의 게시 및 교육]	▶ 물질안전보건자료대상물질을 취급하는 작업장 내에 이를 취급하는 근로자가 쉽게 볼 수 있는 장소에 게시하거나 갖추어 두어야 하며, 취급하는 작업 공정별로 물질안전보건자료대상 물질의 관리 요령 게시 및 해당 근로자 교육	미게시 : 500만 원 이하의 과태료 (작업장 1개소당) 미교육 : 300만 원 이하의 과태료 (근로자 1명당)
26	제115조 [MSDS 대상물질용기 등의 경고표시]	▶ 물질안전보건자료대상물질을 담은 용기 및 포장에 경고표시	300만 원 이하의 과태료
27	제118조 [유해, 위험물질의 제조 등 허가]	▶ 허가 대상 유해물질을 제조 또는 사용 시 고용노동부장관의 허가를 받아야 함 • a-나프틸아민, 디아니시딘, 디클로로베지딘 및 그염, 베릴륨, 벤조트리클로라이드, 비소 및 그 무기화합물, 염화비닐, 콜타르피치 휘발물 등 (「산안법」 시행령 제88조)	5년 이하의 징역 또는 5천만 원 이하의 벌금
28	제119조 [석면조사]	▶ 건축물 등 철거 시 지정된 기관에 석면조사를 실시하고 작업 기준을 준수해야함	3년 이하의 징역 또는 3천만 원 이하의 벌금, 5천만 원 이하의 과태료

3 실험실 내 필수 게시사항

No.	산업안전보건법	주요내용	벌칙
29	제122조 [석면해체, 제거]	▶ 일정 면적이상 석면함유 건축물 철거 시 석면해체제거업자를 통하여 해체해야함	5년 이하의 징역 또는 5천만 원 이하의 벌금
30	제125조 [작업환경측정]	▶ 소음(80dB 이상), 화학물질, 분진, 고열 등에 근로자가 노출되는 사업장은 작업환경측정실시 (『산안법』시행규칙 [별표21]) ▶ 해당 시설·설비의 설치·개선 또는 건강진단의 실시 등의 조치를 하지 아니한 자 • 6개월에 1회 이상 정기적 실시	1천만 원 이하의 과태료, 1천만 원 이하의 벌금
31	제129조 [일반건강진단] 제130조 [특수건강진단등]	▶ 일반건강진단 : 사무직(1회 이상/2년), 비사무직(1회 이상/1년) ▶ 특수건강진단 : 소음, 화학물질, 분진 등 노출 근로자 (인자별로 1회 이상/6~24개월, 『산안법』시행규칙[별표23]) ▶ 배치전건강진단 : 특수건강진단 해당 작업 배치하기 전, 작업전환시 작업 전 실시	1천만 원 이하의 과태료
32	제164조 [서류의 보존]	▶ 사업주는 다음의 서류를 3년 동안 보존 • 안전보건관리책임자·안전관리자·보건관리자·안전보건관리담당자 및 산업보건의의 선임에 관한 서류 • 산업안전보건위원회, 노사협의체 회의록 • 안전조치 및 보건조치에 관한 사항을 적은 서류 • 산업재해의 발생원인 등 기록 • 화학물질의 유해성·위험성 조사에 관한 서류 • 작업환경측정에 관한 서류 • 건강진단에 관한 서류 • 안전인증대상기계등에 대하여 기록한 서류	300만 원 이하의 과태료 (각 서류마다 적용)

3-2 K-eco 안전보건경영 방침

▶ 한국환경공단 전사에 적용되는 안전보건경영 방침을 실험실 내 게시하여 임직원 숙지를 도모한다.(참고 : KOSHA-MS 절차서 520)

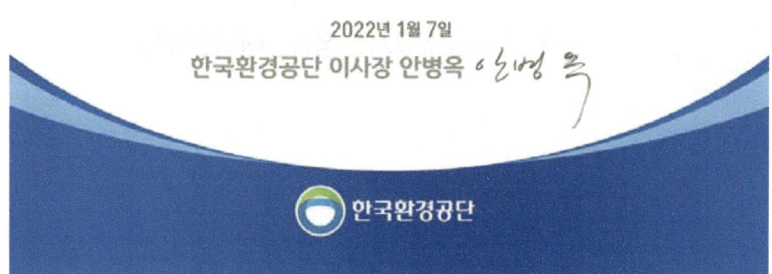

4. 연간 안전보건관리 점검 및 평가 일정

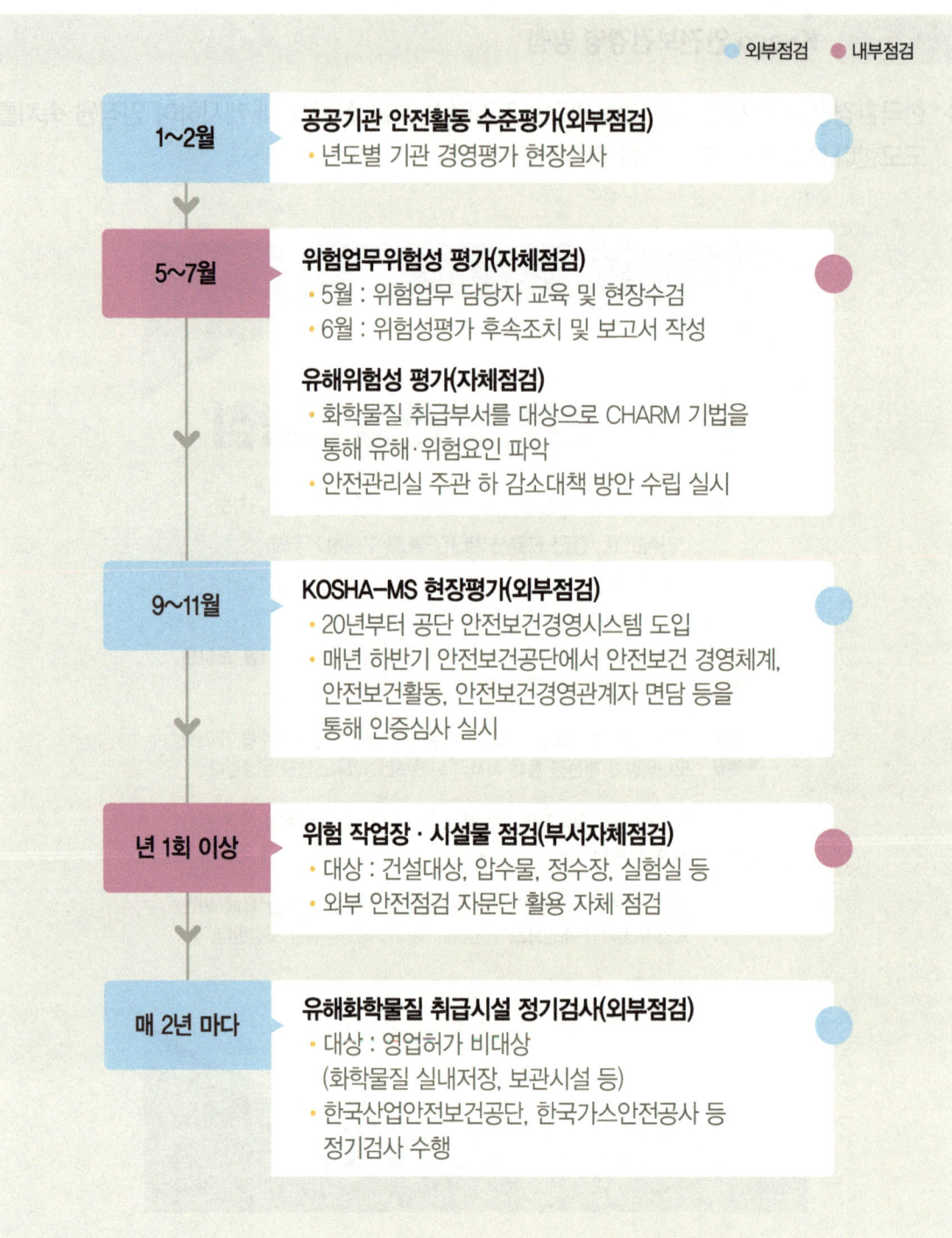

5. 실험실 안전점검 시 필수 구비서류

구 분	목 록	점검주기	관련법령
실험실 및 부대시설	KOSHA 지침서	수시	
	실험실 안전관리 매뉴얼	수시	
	실험실 점검표	매일/년1회/수시	실험실 안전보건에 관한 기술지침
	위험성평가보고서	년 1회 이상	산안법 제36조, 시행규칙 제37조
	흄후드 관리대장	월 1회 이상	산안법 제93조, 안전보건규칙 제72~82조, 제429조
	소방시설 종합정밀점검 결과보고서	년 1회 이상	
	소화기 점검일지	월 1회 이상	
	비상샤워기 및 아이워시 점검일지	월 1회 이상	
	가스 공급자의 의무 준수 여부 점검 기록	수시	고압가스안전관리법 제10조, 시행규칙 제16조
	고압가스 저장/사용시설 점검일지	주 1회, 월 1회	
화학물질 관리	장외영향평가서(~'21. 3.), 화학사고예방관리계획서('21. 4.~)	최초 1회	화관법 23조
	특별물질관리대장	사용 시	산안법 별표12
	월간시약관리대장	수시	화관법 제13~16조 시행규칙 별표2
	화학물질관리대장	사용 시	화관법 시행규칙 별지 제75호
	유해화학물질 취급시설 자체점검대장	주 1회 이상	화관법 제26조
	경고표지 부착유무 확인	주 1회	화관법 제16조, 시행규칙 제12조
	특별관리물 취급/보관 시 경고표지 부착	상시	산안법 제440조, 시행규칙 별표18
	GHS 게시 필요	상시	안전보건규칙 제442조, 산안법 시행규칙 별표18
	산안법에 따른 명령의 요지 및 안전보건관리규정 게시	상시	산안법 제34조
	MSDS(GHS 기준 최신화)	상시	산안법 제114조
	지정폐기물 적정 보관(표지/경고문구 등) 및 창고 표지판 설치 등	상시	폐기물관리법 시행규칙 제14조
근무자 안전·보건	분기별 정기교육, 채용 및 작업내용변경교육 내역	분기 및 수시	산안법 제26조, 제28조, 제29조 및 시행규칙 별표4
	특별안전교육 실시 및 결과내역	수시	산안법 시행규칙 별표5, 산안법 제114조
	MSDS 교육 실시 및 결과내역		
	고압가스 교육 실시 및 결과내역		
	특수건강검진 실시 및 결과내역	배치전/6개월 12개월	산안법 제130조, 시행규칙 별표23
	작업환경측정(최초/정기/수시) 실시 및 결과내역	반기/년 1회	산안법 제125조, 시행규칙 93조의4
	개인보호구 지급/관리 내역	수시	안전보건규칙 제32~34조

※ 산안법 : 산업안전보건법, 화관법 : 화학물질관리법

chapter 2
실험실 및 부대시설 안전관리

| 1 | 실험실 안전관리 | 18 |

1-1	실험실 안전점검	18
1-2	예방문구(안전보건표지)의 표시	21
1-3	국소배기장치 관리	24
1-4	긴급 세안장치 및 세척시설 운영	28

| 2 | 부대시설 안전관리 | 30 |

2-1	고압가스 관리	30
2-2	지정폐기물 보관 및 관리	34
2-3	비상대피등 및 화재대피도	37
2-4	소화기 관리 및 점검	39
2-5	방사성동위원소 장비 관리	41

1 실험실 안전관리

1-1 실험실 안전점검

관련규정
- 『실험실 안전보건에 관한 기술지침』

적용대상
- KOSHA-Guide 및 공단 KOSHA-MS 절차에 따라 공단의 모든 실험실에 적용

주요 점검 및 관리사항
- 실험실별로 사용 기기 등 아래 항목에 대해 일상점검(매일 1회), 정기점검(매년 1회) 점검일지 작성
    - 실험실에서 사용되는 기계·기구·전기·약품 등의 보관상태 및 보호장비의 관리실태 등

No	주요 점검 및 관리사항	비고
1	실험실 점검일지를 기록하고 있는가?	그림 1.1.1
2	실험실 정리정돈 및 청결상태를 확인하였는가?	
3	개인보호구, 구급약품 등 실험장비 상태확인을 하였는가?	그림 1.1.2 그림 1.1.3
4	유해화학물질의 격리 보관 및 시건을 하였는가?	그림 1.1.4
5	전기 분전반 주변 이물질을 적재하지 않았는가?	그림 1.1.5
6	무분별한 문어발식 콘센트를 사용하지 않았는가?	
7	적정소화기 비치 및 정기적인 소화기 점검을 하였는가?	

참고자료
- 『실험실 및 유해화학물질 취급시설 안전관리 매뉴얼(한국환경공단, 2020)』 46p

주요 점검 및 관리사항 예시

> 그림 1.1.1 실험실 일상 점검표(예시)

실험실 일상점검표

기 관 명	한국환경공단	결 재	실험실 책임자
실험실명	시험분석실		홍길동

구분	점검 내용	점검결과 양호	불량	미해당
일반 안전	연구실(실험실) 정리정돈 및 청결상태			
	연구실(실험실) 내 흡연 및 음식물 섭취 여부			
	안전수칙, 안전표지, 개인보호구, 구급약품 등 실험장비(흄후드 등) 관리 상태			
	사전 유해인자 위험분석 보고서 게시			
기계 기구	기계 및 공구의 조임부 또는 연결부 이상 여부			
	위험설비 부위에 방호장치(보호 덮개) 설치 상태			
	기계기구의 회전반경과 작동반경, 위험지역 출입금지, 방호설비 설치 상태			
전기 안전	사용하지 않는 전기기구의 전원 상태 확인 및 무분별한 문어발식 콘센트 사용 여부			
	접지형 콘센트의 사용, 전기배선의 절연피복 손상 및 배선정리 상태			
	기기의 외함접지 또는 정전기 장애 방지를 위한 접지 상태			
	전기 분전반 주변 이물질 적재 금지 상태 여부			
화공 안전	유해인자 취급 및 관리대장, MSDS의 비치			
	화학물질의 성상별 분류 및 시약장 등 안전한 장소에 보관 여부			
	소량을 덜어서 사용하는 통, 화학물질의 보관함·보관용기에 경고표시 부착 여부			
	실험 폐액 및 폐기물 관리상태(폐액 분류표시, 적정용기 사용, 폐액용기 덮개 체결 상태 등)			
	발암물질, 독성물질 등 유해화학물질의 격리 보관 및 시건장치 사용 여부			
소방 안전	소화기 표지, 적정소화기 비치 및 정기적인 소화기 점검상태			
	비상구, 피난통로 확보 및 통로상 장애물 적재 여부			
	소화전, 소화기 주변 이물질 적재금지 상태 여부			
가스 안전	가스 용기의 옥외 지정장소 보관, 전도 방지 및 환기 상태			
	가스용기 외관의 부식, 변형, 노즐 잠금상태 및 가스용기 충전기한 초과 여부			
	가스누설검지경보장치, 역류/역화 방지장치, 중화제독장치 설치 및 작동상태 확인			
	배관 표시사항 부착, 가스사용시설 경계/경고표시 부착, 조정기 및 밸브 등 작동상태			
	주변화기와의 이격거리 유지 등 취급 여부			
생물 안전	생물체(LMO 포함) 및 조직, 세포, 혈액 등의 보관 관리상태 (보관용기 상태, 보관기록 유지, 보관 장소의 생물재해(Biohazard) 표시 부착 여부 등)			
	손 소독기 등 세척시설 및 고압멸균기 등 살균 장비의 관리 상태			
	생물체(LMO 포함) 취급 연구시설의 관리·운영대장 기록 작성 여부			
	생물체 취급기구(주사기, 핀셋 등), 의료폐기물 등의 별도 폐기 여부 및 폐기용기 덮개 설치 상태			

※ 지시(특이) 사항 :

상기 내용을 성실히 점검하여 기록함.

점검자(실험실 안전관리 담당자) :   (서명)

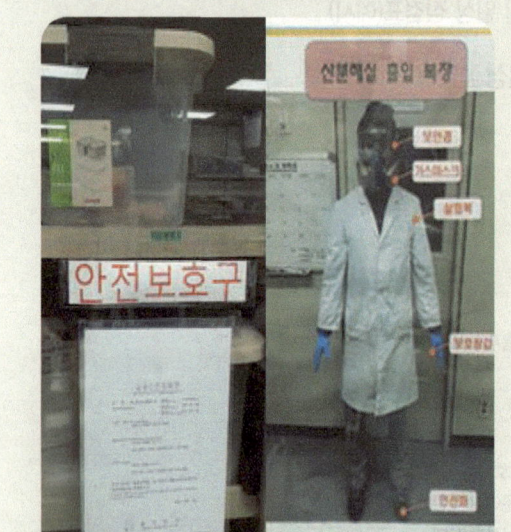

그림 1.1.2 개인보호구 및 착용

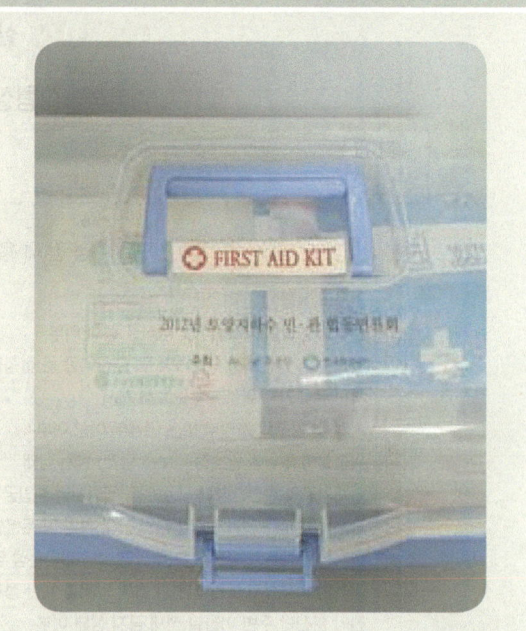

그림 1.1.3 구급약품함

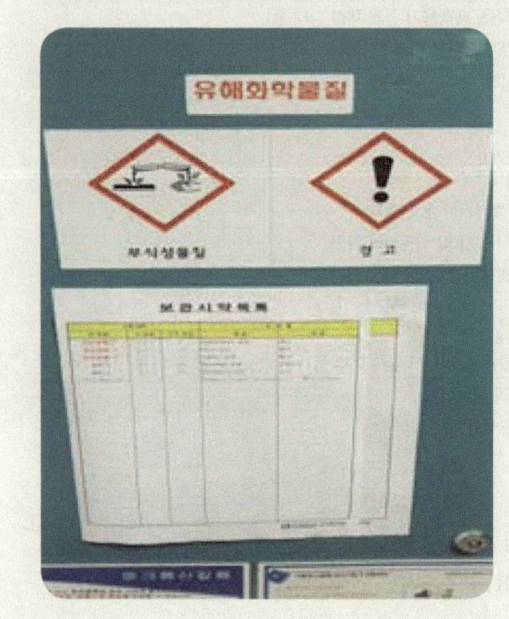

그림 1.1.4 유해화학물질 격리 보관 및 시건

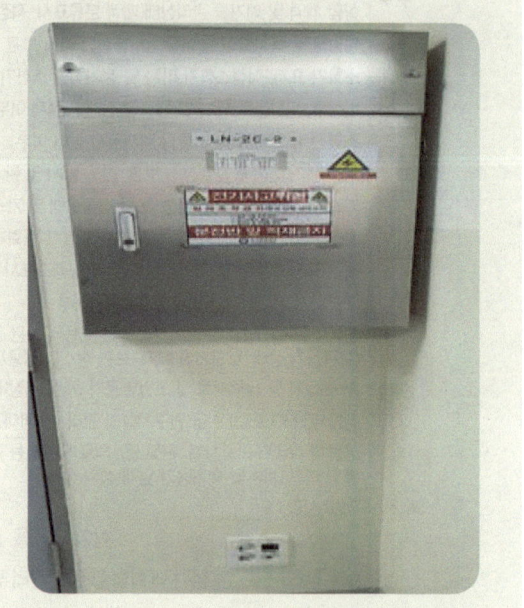

그림 1.1.5 분전반 주변 적재금지

1-2 예방문구(안전보건표지)의 표시

관련규정
- 『산업안전보건법』 제34조, 제37조제1항 및 제2항
- 『산업안전보건법 시행규칙』 [별표6], [별표7]

적용대상
- 『산업안전보건법』에 따른 사업장의 유해하거나 위험한 장소·시설·물질*

*산업안전보건법 시행규칙 별표 7 참조

분류	종류	설치장소	분류표시
금지표지	화기금지	화학물질 취급장소	
경고표지	고온경고	회화 작업장소	
지시표지	보안경 착용	파쇄 작업장소	

주요 점검 및 관리사항
- 모든 유해물질 취급시설 및 장비에 예방문구(안전보건표지) 부착

No	주요 점검 및 관리사항	비고
1	유해물질을 사용하는 모든 시설, 장비에 근로자가 보기 쉽게 안전보건표지를 부착하였는가?	그림 1.2.1 그림 1.2.2
2	근로자가 빠르고 쉽게 알아볼 수 있는 크기로 제작하였는가?	
3	색도기준과 기본모형에 따라 제작하였는가?	

참고자료
- 『실험실 및 유해화학물질 취급시설 안전관리 매뉴얼(한국환경공단, 2020)』 213p

1. 실험실 안전관리

주요 점검 및 관리사항 예시

그림 1.2.1 안전보건표지의 종류와 형태

*(참조) 산업안전보건법 시행규칙 별표 6

안전보건표지의 종류와 형태(제38조제1항 관련)

1. 금지표지	101 출입금지	102 보행금지	103 차량통행금지	104 사용금지	105 탑승금지	106 금연
	107 화기금지	108 물체이동금지	2. 경고표지	201 인화성물질 경고	202 산화성물질 경고	203 폭발성물질 경고	204 급성독성물질 경고
	205 부식성물질 경고	206 방사성물질 경고	207 고압전기 경고	208 매달린 물체 경고	209 낙하물 경고	210 고온 경고	211 저온 경고
	212 몸균형 상실 경고	213 레이저광선 경고	214 발암성·변이원성·생식독성·전신독성·호흡기 과민성 물질 경고	215 위험장소 경고	3. 지시표지	301 보안경 착용	302 방독마스크 착용
	303 방진마스크 착용	304 보안면 착용	305 안전모 착용	306 귀마개 착용	307 안전화 착용	308 안전장갑 착용	309 안전복 착용
4. 안내표지	401 녹십자표지	402 응급구호표지	403 들것	404 세안장치	405 비상용기구	406 비상구
	407 좌측비상구	408 우측비상구	5. 관계자 외 출입금지	501 허가대상물질 작업장	502 석면취급/해체 작업장	503 금지대상물질의 취급 실험실 등
				관계자외 출입금지 (허가물질 명칭) 제조/사용/보관 중	관계자외 출입금지 석면 취급/해체 중	관계자외 출입금지 발암물질 취급 중
				보호구/보호복 착용 흡연 및 음식물 섭취 금지	보호구/보호복 착용 흡연 및 음식물 섭취 금지	보호구/보호복 착용 흡연 및 음식물 섭취 금지

6. 문자추가시 예시문		• 내 자신의 건강과 복지를 위하여 안전을 늘 생각한다. • 내 가정의 행복과 화목을 위하여 안전을 늘 생각한다. • 내 자신의 실수로써 동료를 해치지 않도록 안전을 늘 생각한다. • 내 자신이 일으킨 사고로 인한 회사의 재산과 손실을 방지하기 위하여 안전을 늘 생각한다. • 내 자신의 방심과 불안전한 행동이 조국의 번영에 장애가 되지 않도록 하기 위하여 안전을 늘 생각한다.

그림 1.2.2 안전보건표지 부착 사례

안전보건표지	설치 부착장소	부착 예시
 고온 경고	고도의 열을 발하는 물체 또는 온도가 아주 높은 장소 (ex. 회화로)	
 추락주의	추락의 위험이 있거나 넘어질 위험이 있는 장소	 
 낙하물경고	돌 및 블록 등 떨어질 우려가 있는 물체가 있는 장소 (ex. 물품 창고)	

chapter 2 실험실 및 부대시설 안전관리

1 실험실 안전관리

1-3 국소배기장치 관리

관련규정
- 『산업안전보건법』 제24조, 제36조, 제39조 및 제93조 등
- 산업안전보건기준에 관한 규칙 제8장, 제429조, 제454조, 제581조, 609조
- 『안전검사 절차에 관한 고시』

적용대상
- 유해물질이 발생하는 곳에는 기준에 맞는 적합한 형태의 국소배기장치 설치 필요

주요 점검 및 관리사항
- 관리대상 유해물질, 특별관리물질 사용 장소에 적합한 국소배기장치 운영 및 점검

No	주요 점검 및 관리사항	비고
1	설치된 흄후드의 유속(완전 개방 후 측정)은 기준풍속(가스상 0.4m/s, 입자상·분진 0.7m/s) 이상인가? ※(참조) 산업안전보건기준에관한규칙 [별표 12, 13]	그림 1.3.1
2	흄후드 내·외부는 청결하게 유지되고 있는가?	그림 1.3.2
3	국소배기장치 점검 기록표는 적정 기준에 맞게 작성되어 있으며, 정기적인 점검(1회/년)이 이루어지고 있는가?	그림 1.3.3 그림 1.3.4
4	최초 안전검사(3년)와 정기 안전검사(2년)를 실시 하였는가? ※최근 2년 이내 작업환경측정결과가 노출기준 50% 미만인 경우 제외	그림 1.3.5
5	풍속계는 연 1회 정기교정을 받고 있는가?	그림 1.3.6
6	흄후드의 이상발생으로 인한 사용불가 시 '수리 중' 표지를 붙였는가?	

참고자료
- 『실험실 및 유해화학물질 취급시설 안전관리 매뉴얼(한국환경공단, 2020)』 149p

주요 점검 및 관리사항 예시

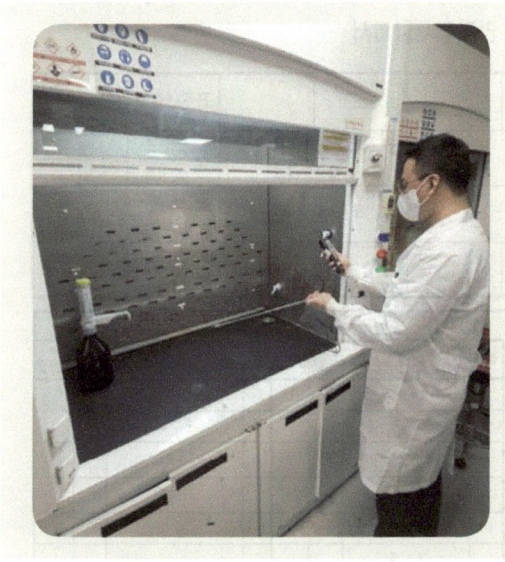

그림 1.3.1 국소배기장치 유속 측정

그림 1.3.2 국소배기장치 청결 유지

그림 1.3.3 국소배기장치 점검표

국소배기장치 점검 기준표				작성 /	승인 /
점검부위 및 항목		점검 주기	점검방법 및 판단기준		비 고
흄 후드	작동상태	사용시	• 후드 전원 ON 및 정상작동 여부 • 후드 밖 물질의 냄새 유무 확인		
	청결상태	사용시	• 후드 청결상태 유지 확인 • 실험용 기자재 등이 연결된 배기 덕트 안으로 들어가지 않도록 주의		
	제어풍속	월간	• 양호: 0.4 m/s 이상 • 미흡: 0.15~0.4 m/s 미만 • 불량: 0.15 m/s 미만		
풍속계	교정	연간	• 측정결과에 대한 신뢰성을 확보하기 위해 연간 1회 교정 실시		
	측정방법	-	• 측정 전 풍속계 영점(ZERO) 조정 • 실험부스(Booth) 입구 개구면에 풍속계 센서가 수직이 되도록 측정		
	기 록	월간	• 매월 자체검사를 실시하여 후드의 이상유무 및 제어풍속 기록		

그림 1.3.4 국소배기장치 풍속기록표

(예시) 흄후드 풍속 기록표

측정일자: 2021. 11. 01.

후드	양호	미흡	불량	담당자	작성 기준	관련 법규
1-1	0.5m/s			○○○	양호: 후드새시를 완전 개방 했을 때 0.4 m/s 이상 미흡: (0.15 ~ 0.4) m/s 미만 불량: 0.15 m/s 미만	산업안전보건기준에 관한 규칙 제429조 (국소배기장치의 성능)
1-2	0.5m/s			○○○		

그림 1.3.5 국소배기장치 안전점검결과서 양식

(국소배기장치) 안전검사결과서

신청인		형식번호		관리번호		제조자		제조년월일		
취급물질						작업환경측정결과 (노출기준대비)		최근 1년	%	%
								최근 2년	%	%
종류		☐ 포위식 ☐ 외부식 ☐ 레시버식				후드 배기유량				m³/min
판정		☐ 합 격 ☐ 불합격		검사유효 기간		합격번호		검사원명		

검 사 대 상

조항	검사항목	검사여부 실시	검사여부 비적용	조항	검사항목	검사여부 실시	검사여부 비적용	조항	검사항목	검사여부 실시	검사여부 비적용	조항	검사항목	검사여부 실시	검사여부 비적용
1	후드의 설치			8	접속부			16	베어링 등			24	성능		
2	후드의 표면상태			9	댐퍼			17	전동기			25	구조 등		
3	흡인기류를 방해하는 방해물 등의 여부			10	표면상태 등			18	배전반 등			26	역류방지조치		
				11	벨트			19	배선						
4	흡입성능			12	회전수			20	접지						
5	표면상태 등			13	회전방향			21	형식 등						
6	플렉시블 덕트			14	캔버스			22	표면상태 등						
7	퇴적물 여부			15	안전덮개			23	접속부						

필 수 항 목

번호	검사항목	판정기준	판정결과* 합격	판정결과* 불합격	검사방법**	검사결과	측정장비	조항
1	후드의 설치	- 유해물질 발산원마다 후드가 설치되어 있을 것			Ⓥ			1
2	흡입성능	- 스모크테스터(발연관)를 이용하여 흡인기류(스모크)가 완전히 후드 내부로 흡인되어 후드 밖으로의 유출이 없을 것 - 후드의 제어풍속이 「산업보건기준에 관한 규칙」 제202조 및 제244조, 별표 2와 별표 8의 제어풍속에 적합할 것			ⓋⒺⒶ	제어풍속 기준치 (m/s) 측정치 (m/s)	스모크테스터 열선풍속계	4
3	표면상태 등 (덕트)	- 덕트 내외면의 파손, 변형 등으로 인한 설계 압력손실 증가 또는 파손부분 등에서의 공기 유입 또는 누출이 없고, 이상음 또는 이상진동이 없을 것			ⓋⒺ		청음기 또는 청음봉	5
4	표면상태 등 (배풍기)	- 각종 구동장치, 제어반(Control Panel) 등이 정상적으로 작동될 것			ⓋⒶⒺ		청음기 또는 청음봉	10
5	전동기	- 전동기의 절연저항이 사용전압(V)/(1,000+출력(kW)) MΩ 이상일 것			ⓋⒺ	(MΩ)	절연저항측정기	17
6	접지	- 접지저항은 400V 미만인 경우 100Ω 이하, 400V 이상인 경우 10Ω 이하일 것			ⓋⒺ	(Ω)	접지저항측정기	20
7	구조 등	- 배출되는 분진 등이 작업장으로 재유입되지 않는 구조일 것			Ⓥ			25
8	역류방지조치	- 최종 배기구에는 배풍기 등으로의 역류 유입방지 조치가 되어 있을 것			Ⓥ			26
9	기타	- 재해발생의 급박한 위험이 있는 경우						

* 판정결과: 해당란에 ○ 표시
** 검사방법: Ⓥ 육안검사 Ⓔ 장비검사 Ⓐ 작동검사 Ⓒ 인증확인대상)

그림 1.3.6 풍속계 교정성적서

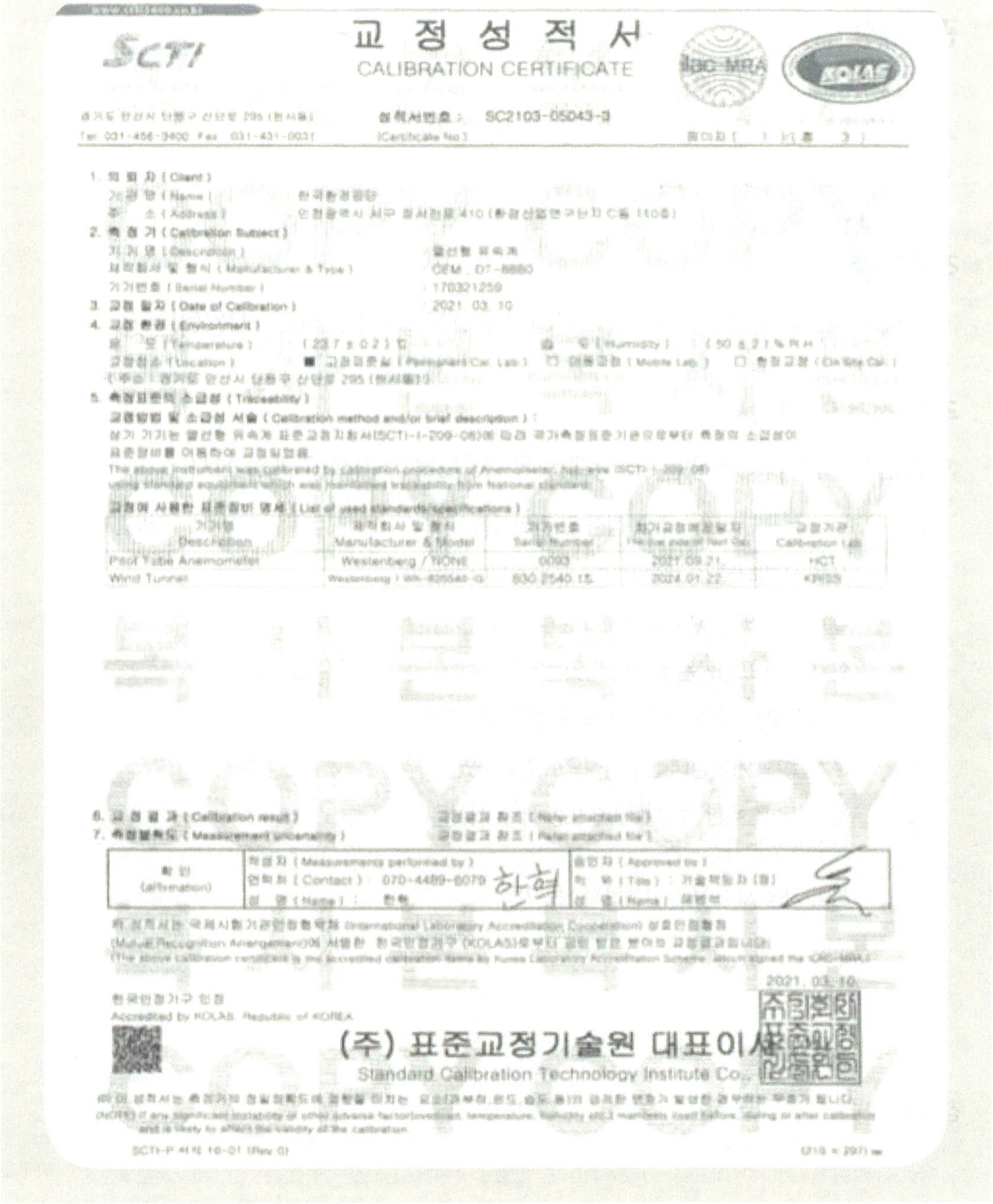
SCTI

교 정 성 적 서

CALIBRATION CERTIFICATE

성적서번호 : SC2103-05043-3

1. 의 뢰 자 (Client)
2. 측 정 기 (Calibration Subject)
   - OEM , DT-8880
   - 170321259
3. 교정 일자 (Date of Calibration) : 2021. 03. 10
4. 교정 환경 (Environment)
5. 측정표준의 소급성 (Traceability)

기기명 Description	제작회사 및 형식 Manufacturer & Model	기기번호 Serial Number	차기교정예정일자	교정기관 Calibration Lab
Pitot Tube Anemometer	Westenberg / NONE	0093	2021.09.21	HCT
Wind Tunnel	Westenberg	830 2540 15	2024.01.22	KRISS

6. 교 정 결 과 (Calibration result)
7. 측정불확도 (Measurement uncertainty)

2021. 03. 10.

(주) 표준교정기술원 대표이사

Standard Calibration Technology Institute Co.

1. 실험실 안전관리

1-4 긴급 세안장치 및 세척시설 운영

관련규정
- 『산업안전보건법』 제39조
- 산업안전보건기준에 관한 규칙 제465조, 제508조, 570조
- KOSHA GUIDE(D-44-2016)

적용대상
- 화학물질(유해화학물질, 관리/허가대상 유해물질 등)을 제조·사용하는 곳

주요 점검 및 관리사항
- 접근이 쉬운 위치에 맑은 물 상태를 유지하도록 주기적인 관리 실시

No	주요 점검 및 관리사항	비고
1	사용 시 방해물 및 위험이 없도록 배치되어 있는가?	
2	15m 이내, 또는 10초 이내에 도달할 수 있는가?	
3	설치 안내 표지판은 설치되어 있는가?	그림 1.4.1
4	조작밸브는 원터치로 1초 내에 조작이 가능한가?	
5	분기별 1회 가동상태를 정기적으로 점검하였는가?	
6	용수처리를 위한 적절한 구배 또는 배수 시설은 갖추어 있는가?	그림 1.4.2
7	설비 가동 시 녹물이 발생하지 않는가?	

참고자료
- 『실험실 및 유해화학물질 취급시설 안전관리 매뉴얼(한국환경공단, 2020)』 246p

주요 점검 및 관리사항 예시

그림 1.4.1 긴급샤워기 및 세안설비 및 표지판 설치

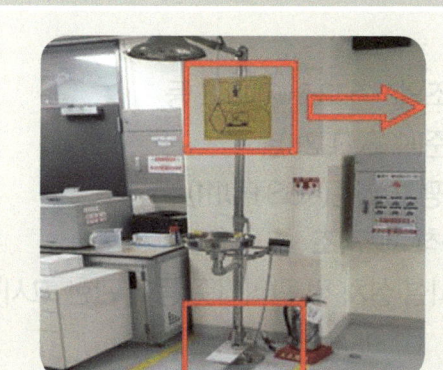
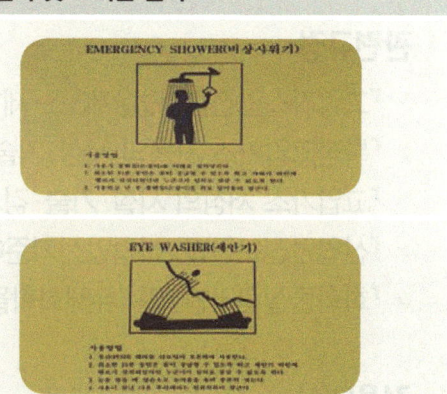

그림 1.4.2 긴급샤워기 및 세안설비 설치 예시

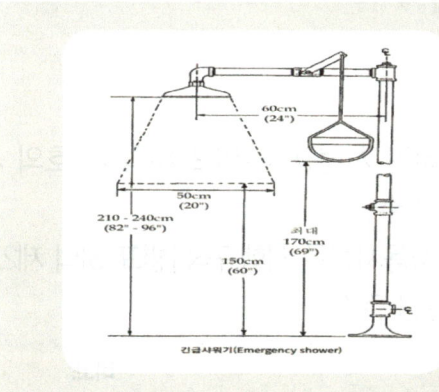
긴급샤워기(Emergency shower)

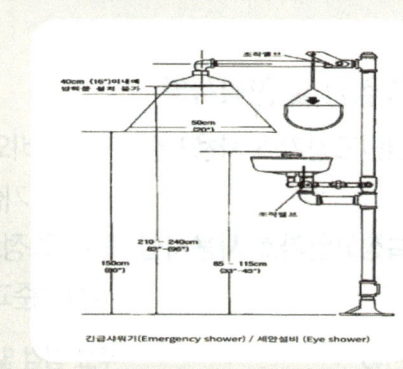
긴급샤워기(Emergency shower) / 세안설비 (Eye shower)

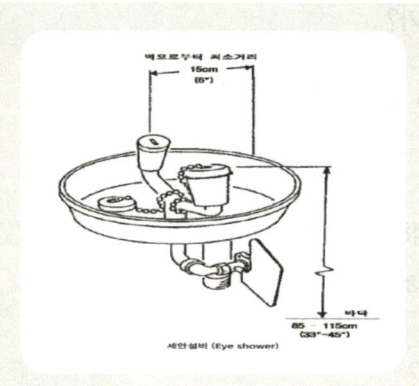
세안설비 (Eye shower)

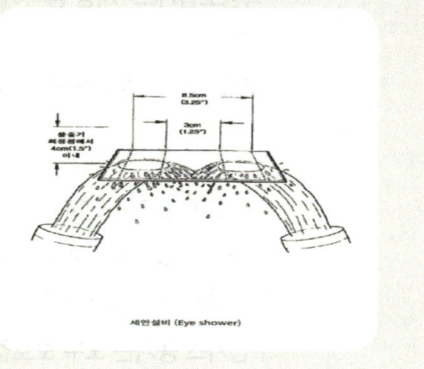
세안설비 (Eye shower)

2. 부대시설 안전관리

2-1 고압가스 관리

관련규정
- 「고압가스안전관리법」 제3조·제10조·제11조의2·제13조·제15조 등
- 「특정고압가스 사용의 시설·기술·검사 기준(KGS FU211)」
- 「고압가스 저장의 시설·기술·검사·안전성평가 기준(KGS FU111)」
- 「산업안전보건법」 산업안전기준에 관한 규칙 제274조
- 「화학물질관리법」 및 "유해화학물질 취급시설 설치 및 관리기준 등에 관한 고시"

적용대상
- 고압가스 또는 특정고압가스를 취급하는 저장설비 및 가스설비

  * 「화재예방, 소방시설 설치·유지 및 안전관리에 관한 법률」 시행령 [별표 2]

주요 점검 및 관리사항
- **일반고압가스 사용시설** 저장설비와 가스설비는 시행규칙 [별표 8]의 제1호의 시설기준과 기술 기준을 준수
- **특정고압가스 사용시설** 모든 특정고압가스 사용시설은 시행규칙 [별표 8]의 제2호의 시설기준과 기술기준을 준수

No	주요 점검 및 관리사항	비고
1	"특정고압가스" 저장 능력이 50㎥ 미만인가? ▷ "법 제20조제1항에 따른 "사용신고" 대상	표 2.1.1
2	"고압가스" 저장 능력은 500㎥ 미만인가? ▷ "저장소"로 분류되어 별도 설치허가 및 안전관리자 선임이 필요	
3	저장설비 및 가스설비는 1일 1회 이상 점검하고 있는가	그림 2.1.1
4	고압가스 용기(실린더)는 넘어짐 방지를 위해 잘 고정(전도방지장치 설치 등)되어 있는가?	그림 2.1.2
5	고압가스 용기는 모두 보호캡을 씌웠는가?	그림 2.1.3

No	주요 점검 및 관리사항	비고
6	충전용기와 잔가스 용기는 구분하여 보관하고 있는가?	
7	보관중인 용기는 충전기간(유효기간)이 경과하지 않았는가?	
8	가연성가스나 독성가스를 사용하는가? ▷(지도·권고사항)『가스누출감지경보기 설치에 관한 기술상의 지침』준수	
9	가연성가스와 산소는 다른 공간에 분리하여 보관하고 있는가?	
10	보관소 외부에는 경계표지, 위험표지를 적정하게 표지하였는가? ▷KGS FU111~211 표지양식 참조	그림 2.1.4
11	사용하는 가스(또는 액체)가 유해화학물질(화관법)인 경우 가스검지 및 경보설비를 설치하였는가?	그림 2.1.5

표 2.1.1 저장능력 계산 사례

충전압력 12.5MPa 47L인 압축가스 34통(특정고압가스(산소,메탄,수소 등) 6통과 질소 28통), 용해가스인 아세틸렌 5.5kg 1통, 액화가스인 액화아르곤 175L 8통을 저장하고 있는 경우

① 전체 저장량 계산
- 압축가스 (10 × 12.5 + 1) × 0.047 × 34 = 202㎥
- 액화가스 (175/0.87) × 8 = 1,610kg = 161㎥
- 용해가스 5.5kg 용기(0.1MPa 35L 용기 내용적) 기준 5㎥

$$저장량 = 202 + 161 + 5 = 368㎥$$

② 특정고압가스 저장량 계산

$$저장량 = (10 × 12.5 + 1) × 0.047 × 6 + 5(아세틸렌) = 41㎥$$

참고자료

▶『실험실 및 유해화학물질 취급시설 안전관리 매뉴얼(한국환경공단, 2020)』190p 249p

주요 점검 및 관리사항 예시

그림 2.1.1 고압가스 저장·사용시설 점검일지

고압가스 저장·사용시설 점검일지
2021년 12월 2주차

시설명	환경기술연구소 가스보관소			점검기간	2021. 12. 6부터			2021. 12. 10까지		
점검자	홍길동 외 1명									

점검내용	12/6 월			12/7 화			12/8 수			12/9 목			12/10 금		
	양호	불량	해당없음	양호	불량	해당없음	양호	불량	해당없음	양호	불량	해당없음	양호	불량	해당없음
화기와의 거리 유지 여부	☑	☐	☐	☑	☐	☐	☑	☐	☐	☑	☐	☐	☑	☐	☐
환기 및 통풍 환경	☑	☐	☐	☑	☐	☐	☑	☐	☐	☑	☐	☐	☑	☐	☐
차광 상태 및 내부 온도 (40℃ 이하)	☑	☐	☐	☑	☐	☐	☑	☐	☐	☑	☐	☐	☑	☐	☐
가스 용기보관 조건 (직사광선, 고온 주변 등)	☑	☐	☐	☑	☐	☐	☑	☐	☐	☑	☐	☐	☑	☐	☐
가스용기 고정 및 밸브 보호캡 설치 여부	☑	☐	☐	☑	☐	☐	☑	☐	☐	☑	☐	☐	☑	☐	☐
잔가스 용기와 충전 용기의 구분 보관 여부	☑	☐	☐	☑	☐	☐	☑	☐	☐	☑	☐	☐	☑	☐	☐
가연성 조연성 가스 혼재 여부	☑	☐	☐	☑	☐	☐	☑	☐	☐	☑	☐	☐	☑	☐	☐
고압가스 및 특정고압가스 저장기준 준수 여부	☑	☐	☐	☑	☐	☐	☑	☐	☐	☑	☐	☐	☑	☐	☐

그림 2.1.2 고압가스 고정 장치

그림 2.1.3 고압가스 보호캡

그림 2.1.4 고압가스 경계표지, 위험표지

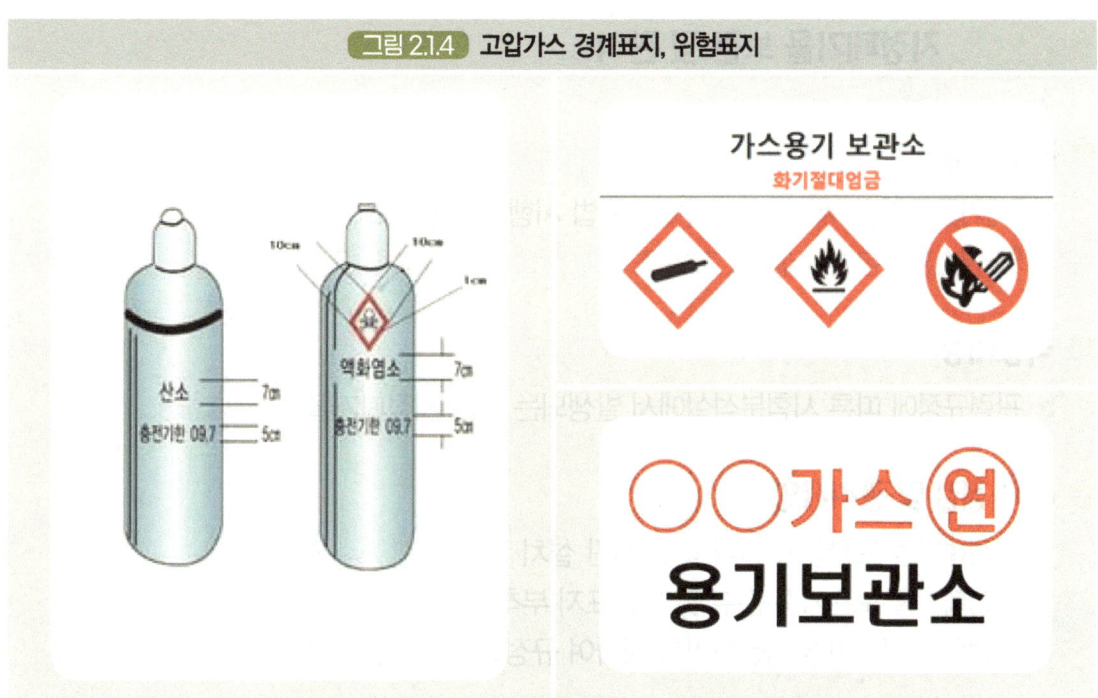

그림 2.1.5 가스검지 및 경보설비

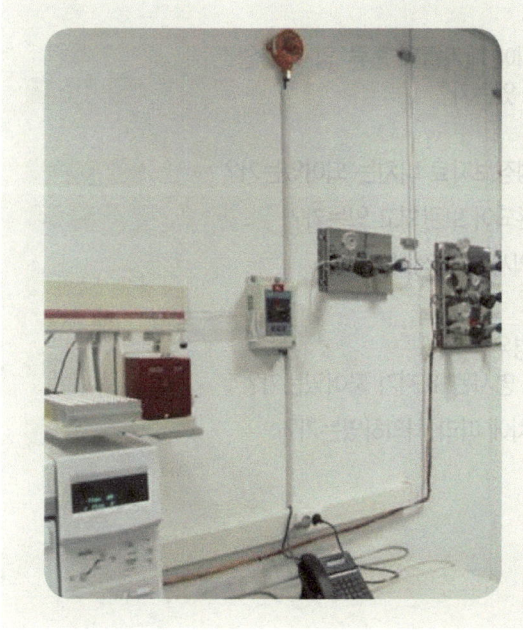

chapter 2 실험실 및 부대시설 안전관리 33

2-2 지정폐기물 보관 및 관리

관련규정
- 『폐기물관리법』 제17조 및 제18조 동법 시행규칙 제14조
- 『자원순환기본법』 제21조, 제29조

적용대상
- 관련규정에 따른 시험분석실에서 발생되는 모든 지정폐기물

주요 점검 및 관리사항
- 지정폐기물 보관창고 설치 및 표지판 설치
- 지정폐기물 보관기준 준수 및 보관표지 부착
- 발생한 지정폐기물 적정처리를 위하여 규정에 따라 위탁처리 실시

No	주요 점검 및 관리사항	비고
1	보관창고는 폐기물의 최대 보관시 적재무게를 견딜 수 있으며, 외부로 유출될 우려가 없는 형태인가?	
2	보관창고에는 사람이 쉽게 볼 수 있는 위치에 폐기물의 종류·양·배출업소 등의 정보가 담겨 있는 표지판이 설치되어 있는가? ※ 색상 : 노란색 바탕·검은색 선 및 글자, W:60cm, H : 40cm 이상	그림 2.2.1
3	보관창고 내 각 폐기물 성상에 따른 유해성정보자료 비치는 되어있는가?	그림 2.2.2
4	폐기물은 종류별(폐산, 폐유기용제 등)로 구분되어 보관되고 있는가?	그림 2.2.3
5	종류·보관용량·관리책임자·보관기간·주의사항·예정장소 등의 정보가 담긴 보관표지는 부착되어 있는가?	그림 2.2.4
6	폐산, 폐알칼리, 폐유독물질 등이 함유된 경우 부식 또는 반응성 물질 등의 종류와 주의사항이 명시된 표지가 붙어있는가?	그림 2.2.4
7	적정 업체와 위탁계약을 체결하고 업무절차에 따라 처리하였는가?	그림 2.2.5

참고자료
- 『실험실 및 유해화학물질 취급시설 안전관리 매뉴얼(한국환경공단, 2020)』 225p

주요 점검 및 관리사항 예시

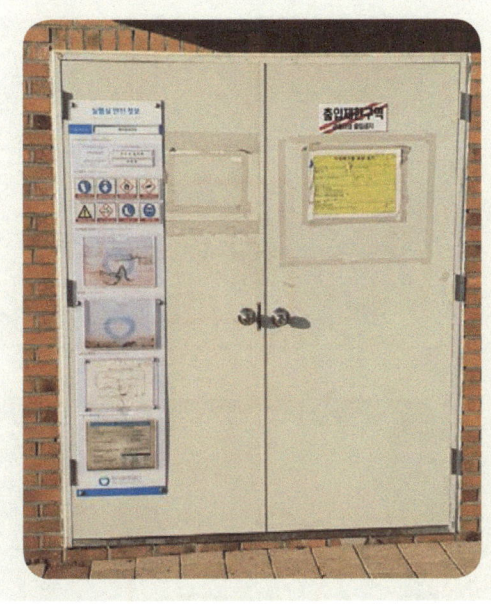

그림 2.2.1 폐기물 보관창고 표지판

그림 2.2.2 유해성정보자료 비치 현황

그림 2.2.3 지정폐기물 종류별 관리

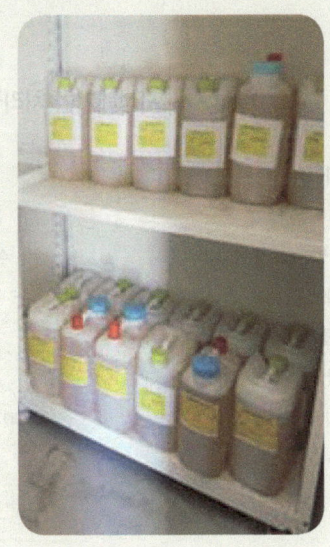
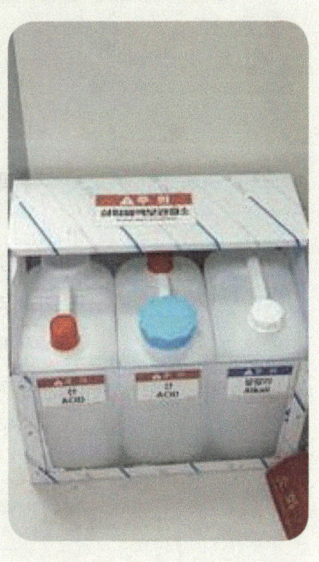

2. 부대시설 안전관리

그림 2.2.4 보관표지 및 경고문구 부착

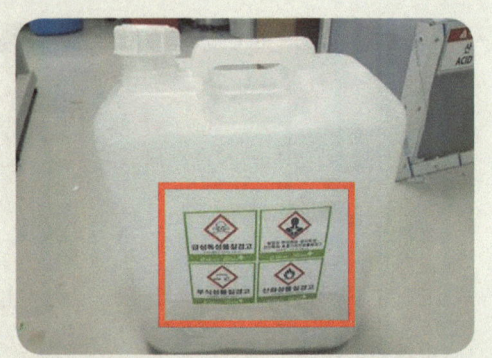
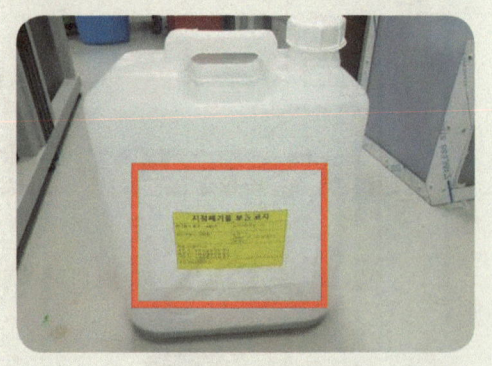

그림 2.2.5 지정폐기물 처리절차

위탁처리업체	한국환경공단
	지정폐기물처리대상 검토
폐기물처리담당자 법정교육 이수	수탁 처리능력 확인 및 계약
폐기물처리계획(변경) 신고	유해성정보자료 작성
지정폐기물 수거	지정폐기물 보관·관리
올바로시스템 등록 및 전자인계서 작성	
위탁처리실시 및 보고	지정폐기물 처리 검수확인 및 비용정산
	폐기물 처리 실적보고
	폐기물 처분 부담금 보고 • 감면비율 : 100% (참조 : www.budamgum.or.kr)

2-3 비상대피등 및 화재 대피도

관련규정
- 『화재예방, 소방시설 설치·유지 및 안전관리에 관한 법률』 제9조
- 『비상조명등의 화재안전기준(NFSC 303, NFSC 304)』 제4조

적용대상
- 관련규정에 따라 기준에 적합한 특정소방대상물 설치·유지
  *『화재예방, 소방시설 설치·유지 및 안전관리에 관한 법률』 시행령 [별표 5]

주요 점검 및 관리사항
- 화재 또는 사고발생 시 원활한 대피를 위해 비상대피등 및 화재대피도를 설치하고 적절하게 유지·관리하여야 함

No		주요 점검 및 관리사항	비고
1	비상대피등	평상시 점등 여부를 확인할 수 있는 점검 스위치가 있는가?	그림 2.3.1
2		스위치를 눌러 정상작동 유무를 점검 하였는가?	그림 2.3.1
3		비상조명등 설치장소의 각 바닥에서 조도 1 lux 이상인가?	그림 2.3.2
4	화재대피도	화재대피도는 작업자가 보기 쉬운 위치에 부착되어 있는가?	그림 2.3.3
5		평상시 점등 여부를 확인할 수 있는 점검 스위치가 있는가?	
6		화재대피로에 적재물 등이 없는 상태인가?	그림 2.3.4
7		소화시설 및 안전용품이 대피도와 동일하게 위치하는가?	그림 2.3.5

참고자료
- 『실험실 및 유해화학물질 취급시설 안전관리 매뉴얼(한국환경공단, 2020)』 142~148p

2 부대시설 안전관리

주요 점검 및 관리사항 예시

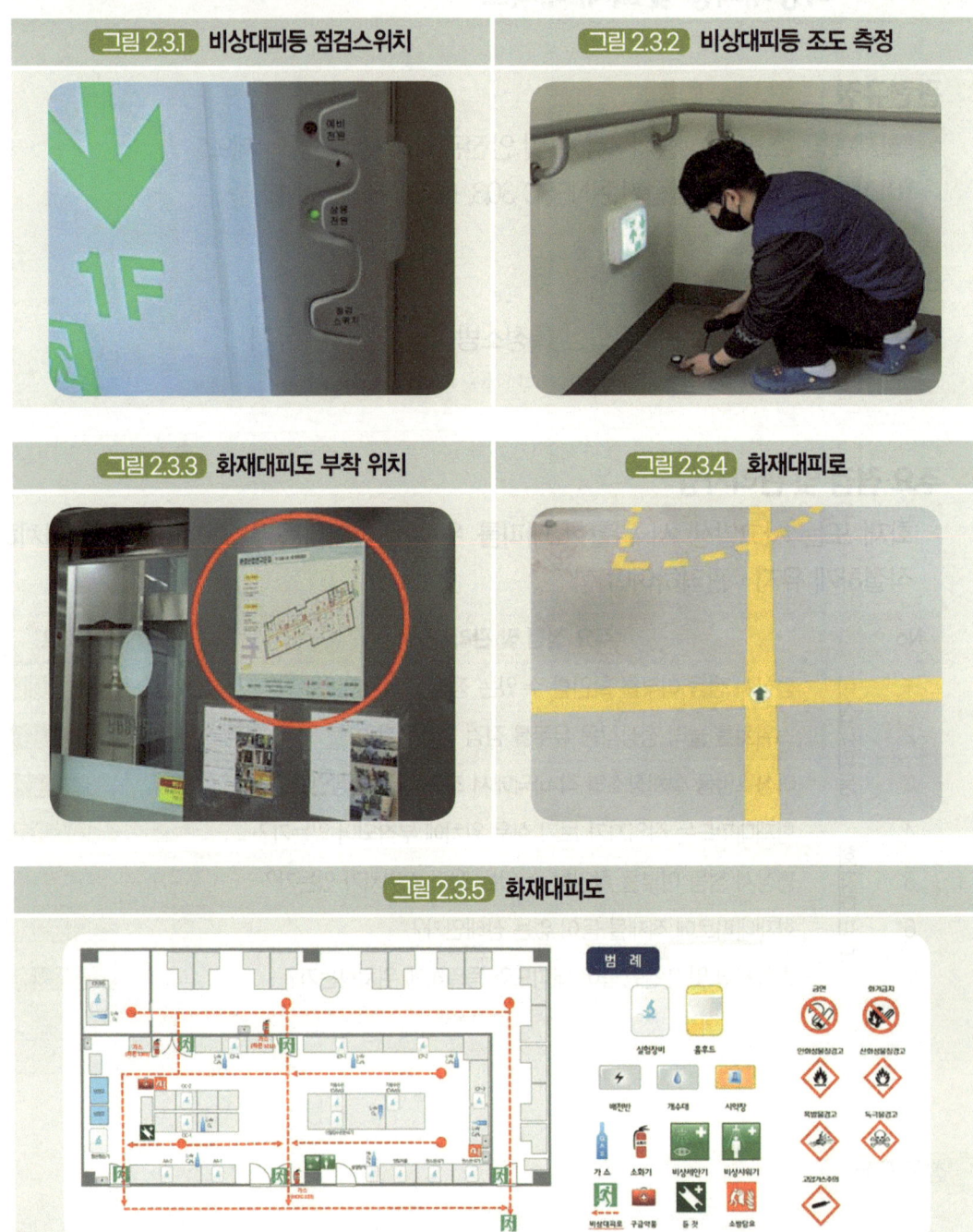

2-4 소화기 관리 및 점검

관련규정
- 『화재예방, 소방시설 설치·유지 및 안전관리에 관한 법률』 제21조의2
- 『KOSHA GUIDE G-82-2018, 실험실 안전보건에 관한 기술지침』

적용대상
- 관련규정에 따라 기준에 적합한 특정소방대상물 설치·유지
  * 『화재예방, 소방시설 설치·유지 및 안전관리에 관한 법률』 시행령 [별표 5]

주요 점검 및 관리사항
- 화재발생 시 소화활동에 필요한 소화설비, 경보설비 등의 소방시설을 설치하고 적절하게 유지, 관리하여야 함

No	주요 점검 및 관리사항	비고
1	설치장소에 적합한 소화기가 설치되었는가?	그림 2.4.1
2	소화기 위치를 쉽게 알 수 있도록 위치표시가 되어 있는가?	그림 2.4.2
3	소화기 명찰 이름이 알맞게 부착되었는가? (ex. 가스 하론 1211)	그림 2.4.2
4	소화기 점검을 월 1회 실시하였는가?	그림 2.4.3
5	소화기별 점검표를 비치하였는가?	그림 2.4.3
6	소화기 압력계 바늘이 정상 범위 이내로 관리되고 있는가?	그림 2.4.3
7	안전핀 고정 여부 및 안전끈 설치 유무를 점검하였는가?	그림 2.4.3
8	KC 인증마크 및 검정합격증이 부착되어있는가?	그림 2.4.4
9	소화기 유통기한은 제조일로부터 10년 이내인가?	그림 2.4.4
10	소화기 주변에 적재물 등이 없는 상태인가?	

참고자료
- 실험실 및 유해화학물질 취급시설 안전관리 매뉴얼(한국환경공단, 2020)』 129p

주요 점검 및 관리사항 예시

그림 2.4.1 화재 분류별 적용 소화제

분류	A급	B급	C급	D급
명칭	일반화재	유류·가스화재	전기화재	금속화재
가연물	목재, 종이, 섬유 등	유류 및 가스	전기기계기구 등	Mg 분말, Al 분말 등
소화효과	냉각	질식	질식, 냉각	질식
적용 소화제	• 물 • 산알칼리 소화기 • 강화액 소화기	• 포말 소화기 • CO_2 소화기 • 분말 소화기 • 할론 1211 • 할론 1301	• CO_2 소화기 • 분말 소화기 • 할론 1211 • 할론 1301	• 마른 모래 • 팽창 질석

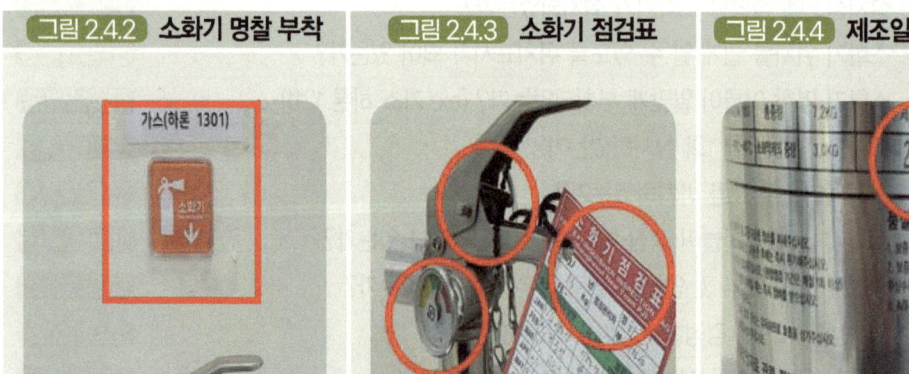

그림 2.4.2 소화기 명찰 부착

그림 2.4.3 소화기 점검표

그림 2.4.4 제조일 및 인증확인

2-5 방사성동위원소 장비 관리

관련규정
- 『산업안전보건법』 제38조, 제93조
- 『원자력안전법』 제43조, 제53조, 제95조

적용대상
- 관련규정에 따라 방사성동위원소(RI) 또는 방사선발생장치(RG)를 사용하는 사업장

주요 점검 및 관리사항
- 방사성동위원소 장비 등의 사용개시 및 담당자 선임 신고
- 사용중인 방사성동위원소 장비 등에 대한 정기 누설점검 실시
- 방사성 사용의 위험성 경고표지 등 부착

No	주요 점검 및 관리사항	비고
1	사용을 하기 전 방사선 안전관리자 선임 신고 및 사용개시 신고를 하였는가?	그림 2.5.1 그림 2.5.2
2	방사선 안전관리자는 최초 방사선 안전관리 교육을 수료하였는가?	
3	방사선원에 대한 누설점검(최초 30일 이내, 이후 매 1년)을 정기적으로 실시하고 있는가?	
4	방사선 사용에 대한 경고 표지 및 취급주의사항을 부착하였는가?	그림 2.5.3
5	방사선 관리 담당자가 변경된 경우 변경신고를 하였는가?	
6	사용신고 당시 지정된 사용시설 내에서 사용하고 있는가?	

참고자료
- 『실험실 및 유해화학물질 취급시설 안전관리 매뉴얼(한국환경공단, 2020)』 217p

주요 점검 및 관리사항 예시

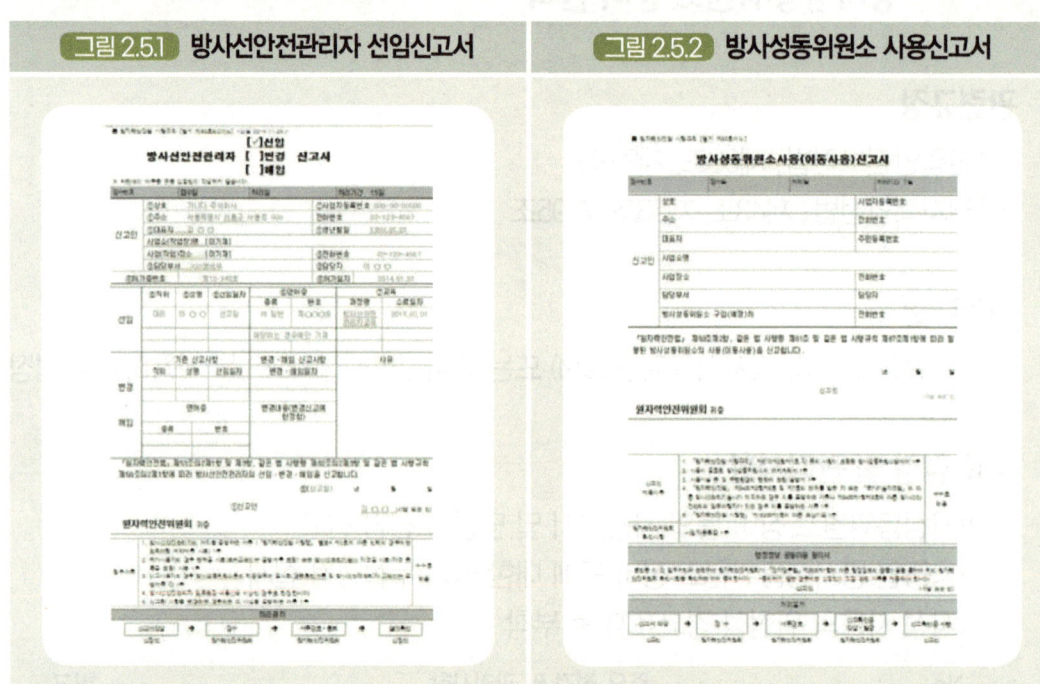

그림 2.5.1 방사선안전관리자 선임신고서

방사선안전관리자 [✓]선임 [ ]변경 [ ]해임 신고서

원자력안전위원회 귀중

그림 2.5.2 방사성동위원소 사용신고서

방사성동위원소사용(이동사용)신고서

원자력안전위원회 귀중

그림 2.5.3 경고표지 및 취급주의사항 부착사진

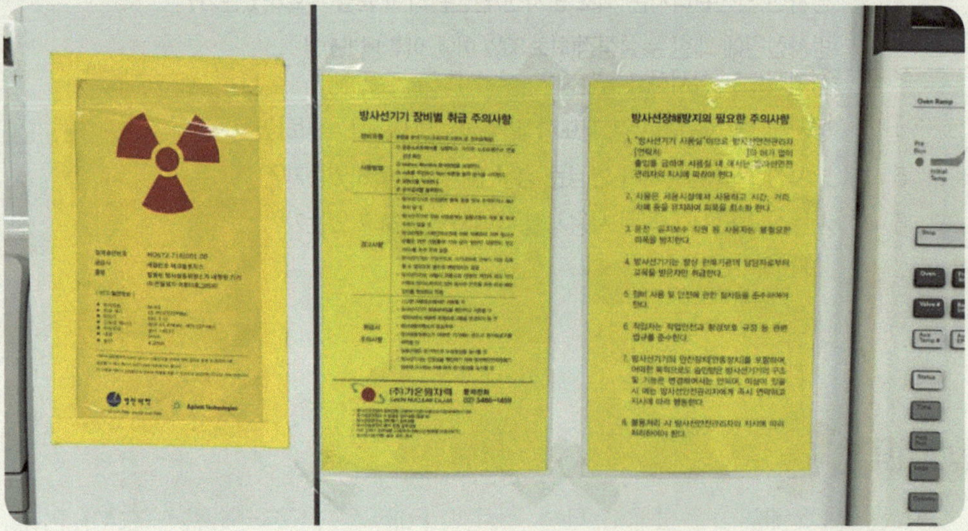

3

chapter

화학물질 안전관리

| 1 | 유해화학물질 취급시설 관리(화학물질관리법) | 44 |

- 1-1 유해화학물질 소량 취급시설 기준 · · · · · · 44
- 1-2 유해화학물질 취급시설 표시 · · · · · · 45
- 1-3 자체점검 및 화학물질관리대장 작성 · · · · · · 47
- 1-4 유해화학물질 보관 및 관리(시약 보관관리) · · · · · · 50
- 1-5 유해화학물질 방재장비 구비 · · · · · · 52

| 2 | 실험실 유해물질 관리(산업안전보건법) | 54 |

- 2-1 관리대상 유해물질 · · · · · · 54
- 2-2 특별관리물질 · · · · · · 55
- 2-3 소분시약(유해물질) 관리 · · · · · · 57
- 2-4 물질안전보건자료(MSDS) 관리 · · · · · · 58

| 3 | 위험물지정수량 관리(위험물안전관리법) | 60 |

1 유해화학물질 취급시설 관리(화학물질관리법)

1-1 유해화학물질 소량 취급시설 기준

관련규정
- 「유해화학물질 소량 취급시설에 관한 고시」
- 「유해화학물질 소량 취급시설의 설치·정기·수시검사의 방법 등에 관한 세부지침」

적용대상
- 유해화학물질 소량 취급시설 기준에 해당하는 사업장

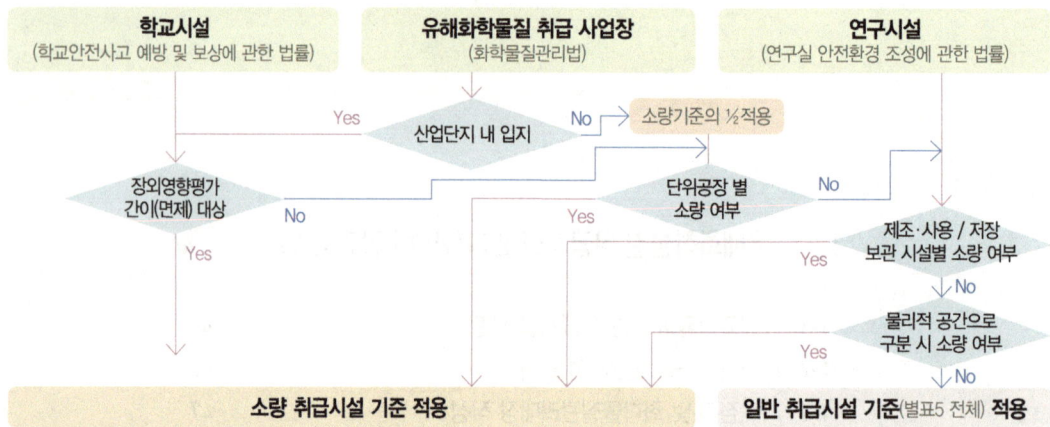

주요 점검 및 관리사항
- 화재발생 시 소화활동에 필요한 소화설비, 경보설비 등의 소방시설을 설치하고 적절하게 유지, 관리하여야 함

No	주요 점검 및 관리사항
1	대상 사업장이 유해화학물질별 소량기준 및 소량 산정방법에 따른 소량 취급시설에 해당하는가? ※(참조) 유해화학물질 소량 취급시설에 관한 고시 [별표 1~2]
2	취급시설 별 설치 및 관리기준을 준수하고 관리하고 있는가? ※(참조) 유해화학물질 소량 취급시설에 관한 고시 [별표 4~6]

참고자료
- 「실험실 및 유해화학물질 취급시설 안전관리 매뉴얼(한국환경공단, 2020)」 14p

1-2 유해화학물질 취급시설 표시

관련규정
- 『화학물질관리법』제16조 및 동법 시행규칙 제12조제2항 및 제3항

적용대상
- 유해화학물질을 취급하는 사업장
    - 보관·저장시설 및 진열·보관 장소, 용기·포장
    - 유해화학물질 운반차량(컨테이너, 이동식 탱크로리 등)
    - 유해화학물질 취급시설을 설치·운영하는 사업장

주요 점검 및 관리사항
- 관련규정에 따른 유해화학물질의 표시방법 준수

No	주요 점검 및 관리사항	비고
1	적용대상별 표시되어야 하는 필수정보는 빠짐없이 적합한 양식으로 쉽게 볼 수 있는 위치에 작성되어 있는가? ※(참조) 화학물질관리법 제16조 및 동법 시행규칙 [별표 2]	그림 1.2.1
2	유해성(물리적, 건강, 환경)항목에 따라 구분하여 표시되어 있는가? ※(참조) 화학물질관리법 시행규칙 [별표 3]	그림 1.2.2
3	표시정보 최신화를 위하여 주기적인 관리를 실시하는가?	

참고자료
- 『실험실 및 유해화학물질 취급시설 안전관리 매뉴얼(한국환경공단, 2020)』135p

1. 유해화학물질 취급시설 관리(화학물질관리법)

✦ 주요 점검 및 관리사항 예시

그림 1.2.1 유해화학물질 정보표시방법

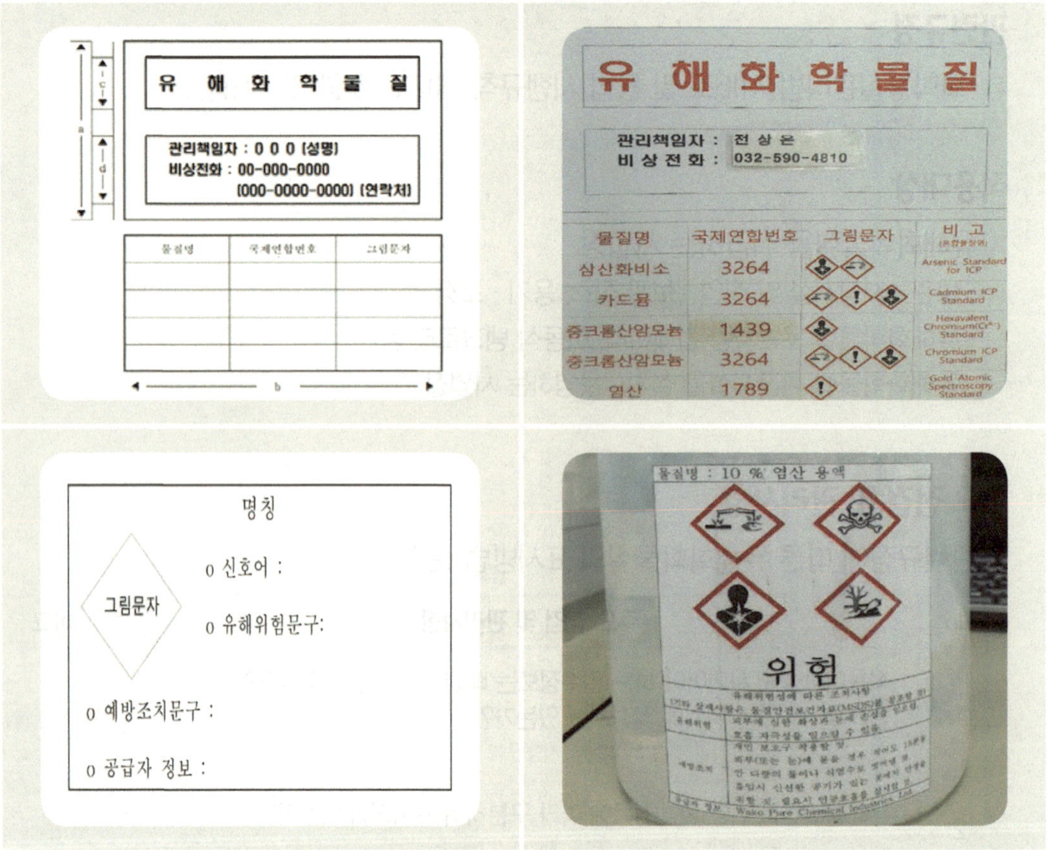

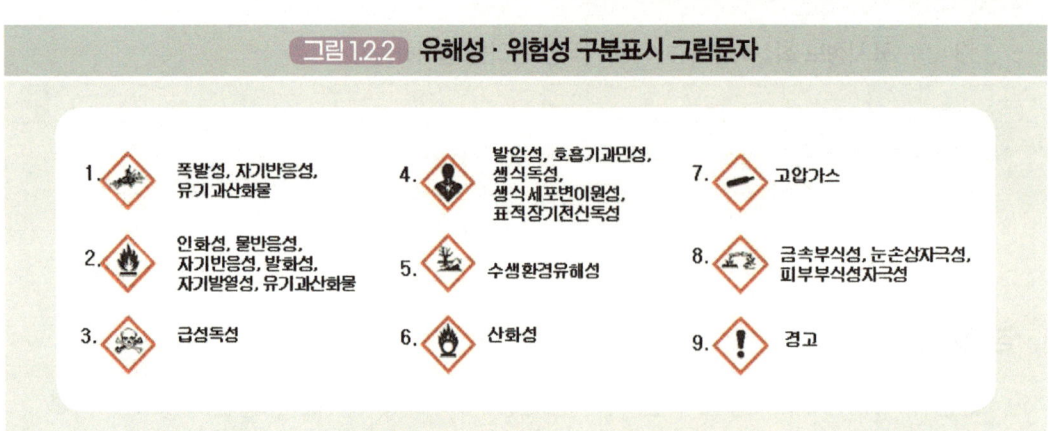

그림 1.2.2 유해성·위험성 구분표시 그림문자

1. 폭발성, 자기반응성, 유기과산화물
2. 인화성, 물반응성, 자기반응성, 발화성, 자기발열성, 유기과산화물
3. 급성독성
4. 발암성, 호흡기과민성, 생식독성, 생식세포변이원성, 표적장기전신독성
5. 수생환경유해성
6. 산화성
7. 고압가스
8. 금속부식성, 눈손상자극성, 피부부식성자극성
9. 경고

1-3 자체점검 및 화학물질관리대장 작성

관련규정
- 『화학물질관리법』 제26조 및 동법 시행규칙 제26조
- 『화학물질관리법』 제39조, 제40조 및 제50조, 동법 시행규칙 제56조
- 사고대비물질의 지정(환경부고시 제2021-75호)
- 유해화학물질 소량 취급시설에 관한 고시
- 유해화학물질 실내 보관시설 설치 및 관리에 관한 고시

적용대상
- 유해화학물질 및 사고대비물질 취급시설을 설치·운영하는 자

주요 점검 및 관리사항
- 유해화학물질 취급 시 정기적인 자체점검 실시 및 점검기록 보존
- 사고대비물질 취급 시 화학물질관리대장 및 외부인 출입관리대장 작성 및 보존

No	주요 점검 및 관리사항	비고
1	유해화학물질 취급시설 및 장비를 정기적(주 1회 이상)으로 자체점검하는가?	그림 1.3.1
2	취급하는 유해화학물질이 관련 법에 따른 사고대비물질에 해당되는가?	
3	사고대비물질 취급 시 입고량과 출고량을 화학물질 관리대장에 기록하는가?	그림 1.3.2
4	사고대비물질 인수시 인계자의 신분증 및 방문차량을 확인하여 외부인 출입관리대장에 기록하는가?	그림 1.3.2
5	검지 및 경보체계를 갖추고 주기적인 점검을 실시하고 있는가?	
6	각 관리대장은 5년간 기록·비치하고 있는가?	

참고자료
- 『실험실 및 유해화학물질 취급시설 안전관리 매뉴얼(한국환경공단, 2020)』 56, 110p

1. 유해화학물질 취급시설 관리(화학물질관리법)

주요 점검 및 관리사항 예시

그림 1.3.1 유해화학물질 취급시설 자체점검대장(양식)

■ 화학물질관리법 시행규칙 [별지 제42호서식] <개정 2021. 4. 1.>

(예시) 유해화학물질 취급시설 자체점검대장(양식)

점검연월일	점검시간 (00:00 ~ 00:00)	소속	점검자성명	서명
2021.00.00.	09:00 ~ 10:00	000처 000부	000	

점검 항목	이상 유무	비고
① 유해화학물질의 이송배관·접합부 및 밸브 등 관련 설비의 부식 등으로 인한 유출·누출 여부	[ ] 문제없음 [ ] 자체점검 시 조치완료 [ ] 정밀 재점검 필요	해당없음
② 고체 상태 유해화학물질의 용기를 밀폐한 상태로 보관하고 있는지 여부	[○] 문제없음 [ ] 자체점검 시 조치완료 [ ] 정밀 재점검 필요	
③ 액체·기체 상태의 유해화학물질을 완전히 밀폐한 상태로 보관하고 있는지 여부	[○] 문제없음 [ ] 자체점검 시 조치완료 [ ] 정밀 재점검 필요	
④ 유해화학물질의 보관용기가 파손 또는 부식되거나 균열이 발생하였는지 여부	[○] 문제없음 [ ] 자체점검 시 조치완료 [ ] 정밀 재점검 필요	
⑤ 탱크로리, 트레일러 등 유해화학물질 운반장비의 부식·손상·노후화 여부	[ ] 문제없음 [ ] 자체점검 시 조치완료 [ ] 정밀 재점검 필요	해당없음
⑥ 물 반응성 물질이나 인화성 고체의 물 접촉으로 인한 화재·폭발 가능성이 있는지 여부	[○] 문제없음 [ ] 자체점검 시 조치완료 [ ] 정밀 재점검 필요	
⑦ 인화성 액체의 증기 또는 인화성 가스가 공기 중에 존재하여 화재·폭발 가능성이 있는지 여부	[○] 문제없음 [ ] 자체점검 시 조치완료 [ ] 정밀 재점검 필요	
⑧ 자연발화의 위험이 있는 물질이 취급시설 및 장비 주변에 존재함에 따라 화재·폭발 가능성이 있는지 여부	[○] 문제없음 [ ] 자체점검 시 조치완료 [ ] 정밀 재점검 필요	
⑨ 누출감지장치, 안전밸브, 경보기 및 온도·압력계기가 정상적으로 작동하는지 여부	[○] 문제없음 [ ] 자체점검 시 조치완료 [ ] 정밀 재점검 필요	
⑩ 법 제14조제2항에 따라 환경부장관이 고시한 개인보호장구가 본래의 성능을 유지하는지 여부	[○] 문제없음 [ ] 자체점검 시 조치완료 [ ] 정밀 재점검 필요	
⑪ 유해화학물질 저장·보관설비의 부식·손상·균열 등으로 인한 유출·누출이 있는지 여부	[○] 문제없음 [ ] 자체점검 시 조치완료 [ ] 정밀 재점검 필요	

비고
1. 비고란에는 자체점검 시 조치완료된 사항 또는 재점검이 필요한 사항을 적습니다.
2. 유해화학물질 취급시설 자체점검을 하려는 자는 양식의 점검 항목이 모두 포함된 별도의 서식을 사용할 수 있으며, 점검 항목이 모두 포함되어 있음을 명확하게 알 수 있도록 표기해야 합니다.

그림 1.3.2 화학물질관리대장 및 외부인 출입관리대장

■ 화학물질관리법 시행규칙 [별지 제75호서식] <개정 2017. 12. 27.>

(예시) 화학물질 [ ] 제조 [ ] 수입 [ ] 사용 [V] 판매 관리대장

제품(상품)명: Nitric Acid
주요용도: 토양 및 폐기물 중금속 전처리 및 분석
금지물질, 허가물질, 제한물질, 유독물질, 사고대비물질
 1. 유독물질 2. 사고대비물질 3.
함량: 1. 60%/500mL 2. % 3. %

(단위: 톤)

연월일	이월량	입고량						출고량							재고량	비고
		제조·수입·구입량		구입명세				연월일	사용·판매량		판매명세					
		구분	수량	상호(성명)	사업자등록번호(생년월일)	주소	전화번호		구분	수량	상호(성명)	사업자등록번호(생년월일)	주소	전화번호	용도	구매자영업허가구분		
21-09-16		구입	34.5	000	00-00-000	000		21-09-07	사용	2.76	000						36.57 / 71.07 입고	

비고: 구매자 영업허가 구분란에는 「화학물질관리법」 제28조에 따라 허가받은 영업의 업종을 적거나 같은 법 제29조에 따른 면제의 경우에는 면제로 적습니다.

297mm×210mm[백상지 80g/㎡]

■ 화학물질관리법 시행규칙 [별지 제78호서식] <개정 2019. 12. 20.>

(예시) 외부인 및 유해화학물질관리자 대리 참관자 출입 관리대장

연월일	출입시간 (00:00 ~ 00:00)	성명	연락처	차량번호	출 입 목 적
2021.07.01.	10:00 ~ 11:00	000	00-000-0000	000가0000	Hexane 납품
2021.07.30.	13:00 ~ 14:00	000	00-000-0000	00나0000	Dichloromethane 납품
2021.08.24.	13:00 ~ 14:00	000	00-000-0000	000다0000	PCBs 납품

※ 외부인이 차량을 가져오지 않은 경우에는 차량번호를 적지 않습니다.

297mm×210mm[백상지 80g/㎡]

1 유해화학물질 취급시설 관리(화학물질관리법)

1-4 유해화학물질 보관 및 관리(시약 보관관리)

관련규정
- 「화학물질관리법」 제13조 및 동법 시행규칙 제8조
- 「유해화학물질별 구체적인 취급기준에 관한 규정」
- 「유해화학물질 소량 취급시설에 관한 고시」
- 「유해화학물질 실내 보관시설 설치 및 관리에 관한 고시」

적용대상
- 유해화학물질 보관 및 관리시설

주요 점검 및 관리사항
- 시약보관시설의 재료와 구조, 보관방법(분리보관 등) 준수

No	주요 점검 및 관리사항	비고
1	시약장은 용기의 하중에 충분히 견딜 수 있는 구조로 되어 있는가?	그림 1.4.1
2	시약장은 유해화학물질 용기가 쉽게 떨어지지 않게 되어 있는가?	그림 1.4.1
3	시약장의 재질은 해당 물질의 취급에 적합한 기계적·화학적 성질을 가지는가?	그림 1.4.1
4	강제배기장치와 흡기를 통해 통풍이 되는 시약장에 보관하고 있는가?	그림 1.4.2
5	가연성 및 인화성 물질을 보관하는 시약장에는 접지설비가 설치되어 있는가?	그림 1.4.2
6	물질간의 반응성 등 특성을 고려하여 분리보관하고 있는가?	그림 1.4.3
7	보관용기와 잔량용기는 각각 구분하여 보관하고 있는가?	그림 1.4.4
8	유해화학물질은 완전히 밀폐한 상태로 보관하고 있는가?	그림 1.4.4
9	고중량의 시약은 2인 1조로 운반 수행하는가?	그림 1.4.5

참고자료
- 「실험실 및 유해화학물질 취급시설 안전관리 매뉴얼(한국환경공단, 2020)」 122p

주요 점검 및 관리사항 예시

그림 1.4.1 시약장의 재질과 구조

그림 1.4.2 접지 및 강제배기설비

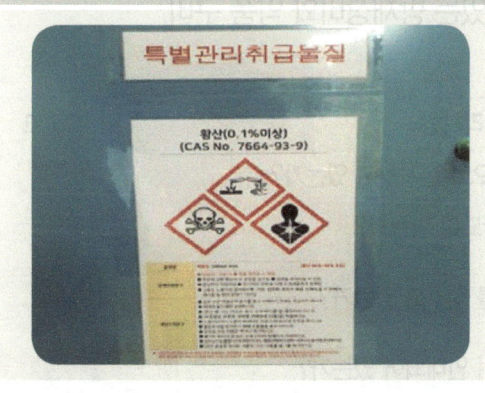

그림 1.4.3 물질특성별 분리보관(황산·인화성)

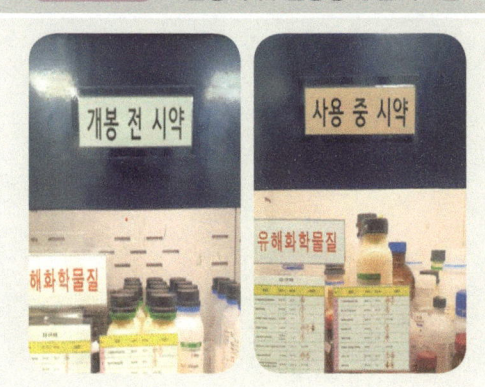

그림 1.4.4 보관용기 및 잔량용기 분리보관

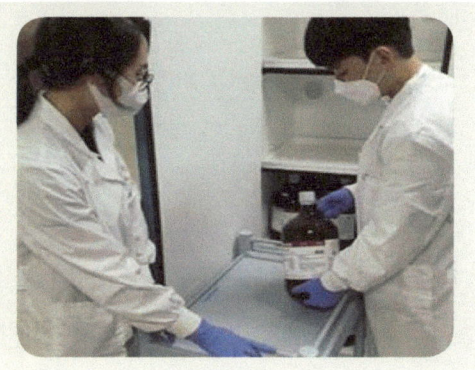

그림 1.4.5 2인 1조 운반수행

1-5 유해화학물질 방재장비 구비

관련규정
- 「화학물질관리법」 제13조
- 「유해화학물질 소량 취급시설에 관한 고시」

적용대상
- 유해화학물질을 취급하는 취급시설

주요 점검 및 관리사항
- 화학사고를 대비하여 응급조치를 할 수 있는 방재장비와 약품 구비
- 방재장비 보유현황 및 재고관리

No	주요 점검 및 관리사항	비고
1	유통기한, 보유현황 및 재고관리는 주기적으로 실시하고 있는가?	그림 1.5.1
2	화학사고 발생 시 접근이 쉬운 위치에 보관되어 있는가?	그림 1.5.2
3	용도에 적합하며 성능이 인증된 방재장비를 갖추고 있는가?	그림 1.5.3 그림 1.5.4
4	방재장비의 사용 및 착용법을 교육하였으며 안내되어 있는가?	그림 1.5.5

참고자료
- 「실험실 및 유해화학물질 취급시설 안전관리 매뉴얼(한국환경공단, 2020)」 254p

주요 점검 및 관리사항 예시

그림 1.5.1 방재장비의 종류 및 관리(예시)

분 류	유통기한	단위	입고량	1월	…	12월	재고량
화학적 중화제 KIT	00.0.0.	Box	00	0	…	0	0
내화학복	00.0.0.	개	00	00	…	0	−
양압식 공기호흡기	00.0.0.	개	0	0	…	0	0
방열복	00.0.0.	개	0	0	…	0	0
내열성장갑	00.0.0.	개	00	0	…	0	0
유흡착포	00.0.0.	개	0	0	…	0	0
…	…	…	…	…	…	…	…

그림 1.5.2 방재장비함

그림 1.5.3 방재장비

그림 1.5.4 성능인증서 / **그림 1.5.5** 사용설명서 비치

chapter 3 화학물질 안전관리 | 53

2. 실험실 유해물질 관리(산업안전보건법)

2-1 관리대상 유해물질

관련규정
- 『산업안전보건법』 제39조
- 산업안전보건기준에 관한 규칙 제420조, 442조, 443조, 별표12

적용대상
- 관련규정에 따른 관리대상 유해물질(171종) 취급시설

주요 점검 및 관리사항
- 관련정보 게시현황 관리
- 보관형태 및 보관장소 관리

No	주요 점검 및 관리사항	비고
1	작업장의 보기 쉬운 장소에 명칭 등의 관련정보를 게시하였는가? ※(참고) 산업안전보건기준에 관한 규칙 제442조	MSDS 비치 시 제외
2	운반 및 저장 시 발산될 우려가 없는 형태로 보관하였는가?	
3	저장장소에 출입을 금지하는 표시를 하였는가?	그림 2.1.1
4	취급장소에 알맞은 형태의 배기장치가 설치되어 있는가?	그림 2.1.2

주요 점검 및 관리사항 예시

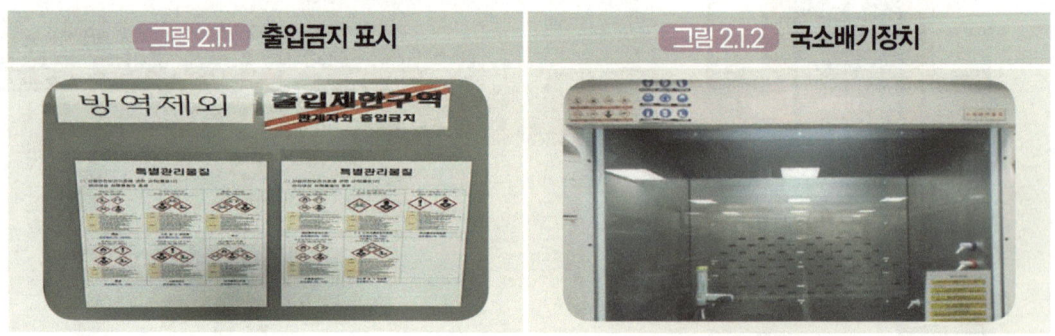

그림 2.1.1 출입금지 표시   그림 2.1.2 국소배기장치

참고자료
- 『실험실 및 유해화학물질 취급시설 안전관리 매뉴얼(한국환경공단, 2020)』 115p

2-2 특별관리물질

관련규정
- 『산업안전보건법』 시행규칙 제141조 [별표 18]
- 산업안전보건기준에 관한 규칙 제439조, 440조

적용대상
- 관련규정에 따른 특별관리물질(37종) 취급시설

주요 점검 및 관리사항
- 특별관리물질 관련 정보 게시 및 취급일지 작성

No	주요 점검 및 관리사항	비고
1	특별관리물질이라는 사실과 그 종류, 유해성·위험성을 게시판 등을 통해 근로자에게 고지하였는가? ※(참고) 산업안전보건법 시행규칙 [별표18] 제1호나목	그림 2.2.1
2	특별관리물질 취급 시 취급일지를 작성하였는가? ※(참고) KOSHA GUIDE(H-147-2017)	그림 2.2.2

참고자료
- 『실험실 및 유해화학물질 취급시설 안전관리 매뉴얼(한국환경공단, 2020)』 116p

2 실험실 유해물질 관리(산업안전보건법)

주요 점검 및 관리사항 예시

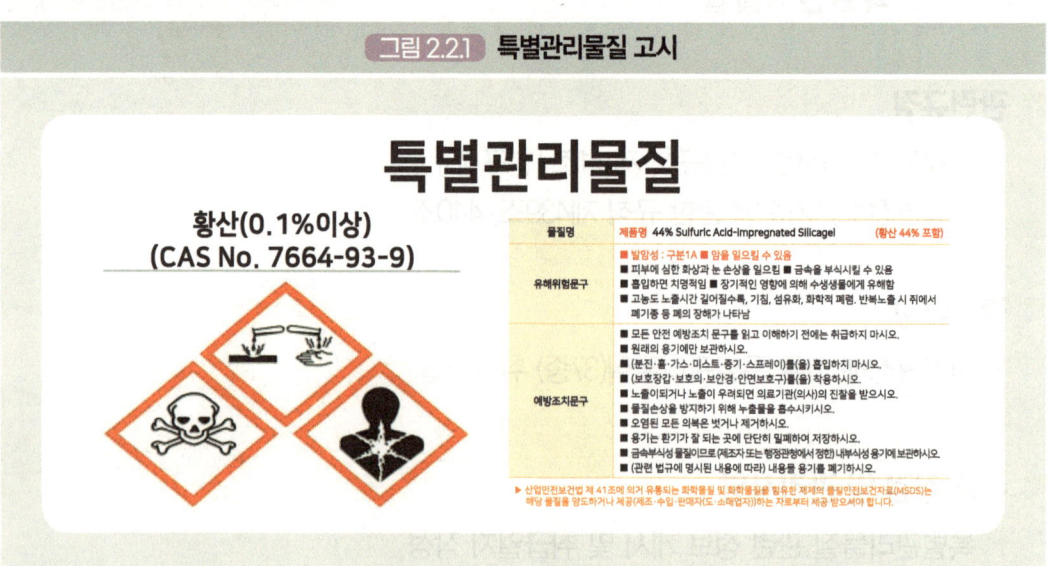

그림 2.2.1 특별관리물질 고시

그림 2.2.2 특별관리물질 취급일지 양식

특별관리물질 취급일지									
취급 일자	물질명	입고량	사용량	재고량	작업내용	착용보호구	작업자 서명	확인자 서명
00-00-00	44% Sulfuric Acid	0	100g	200g	토양·폐기물 PCBs 분석	보호장갑, 보호의, 보안경, 안면보호구	○○○	○○○

(보완 사항) 누출, 오염, 흡입 등의 사고발생 시 피해내용 조치사항 기재

발생일자	처리내용
00-00-00	ex) 중금속 전처리 중 황산 누출로 인한 근로자 부상 발생, 즉시 병원 이송 및 보호캡 교체 등 실시

※ 취급일지 작성시 취급상의 문제점, 특이사항 발생시 처리내역 등을 기록

2-3 소분시약(유해물질) 관리

관련규정
- 『화학물질관리법』제16조 동법 시행규칙 제12조
- 『산업안전보건법』제115조 동법 시행규칙 제170조
- 『화학물질의 분류·표시 및 물질안전보건자료에 관한 기준』제 3장

적용대상
- 제조사로부터 납품된 시약병이 아닌 소분용기에 시약을 보관 및 사용하는 자

주요 점검 및 관리사항
- 단일 소분용기 및 포장에 유해·위험 정보와 경고표지 부착

No	주요 점검 및 관리사항	비고
1	유해·위험성정보 및 경고표지는 최신자료로 부착되어 있는가? ※(포함사항) 명칭, 그림문자, 신호어, 유해·위험 문구, 예방조치 문구, 공급자 정보	그림 2.3.1

주요 점검 및 관리사항 예시

그림 2.3.1 소분시약(유해물질) 라벨링

참고자료
- 『실험실 및 유해화학물질 취급시설 안전관리 매뉴얼(한국환경공단, 2020)』159p

2 실험실 유해물질 관리(산업안전보건법)

2-4 물질안전보건자료(MSDS) 관리

관련규정
- 『산업안전보건법』 제110조, 제114조 및 동법 시행규칙 제167~168조
- 『화학물질관리법』 제16조 및 동법 시행규칙 제9조
- 『화학물질의 분류·표시 및 물질안전보건자료에 관한 기준』

적용대상
- 물질안전보건자료 적용대상 화학물질을 취급하는 사업장

주요 점검 및 관리사항
- 해당 화학물질 제조사 별 MSDS 보관 및 최신자료 비치
- 취급근로자 및 화학물질 변동사항이 발생하는 경우 실무자 교육 실시
  ※ Ⅳ.4. MSDS 교육 참조

※ 물질안전보건자료 구성
① 화학제품과 회사에 관한 정보
② 유해성, 위험성
③ 구성성분의 명칭 및 함유량
④ 응급조치 요령
⑤ 폭발 화재 시 대처방법
⑥ 누출 사고시 대처방법
⑦ 취급 및 저장방법
⑧ 노출방지 및 개인보호구
⑨ 물리 화학적 특성
⑩ 안전성 및 반응성
⑪ 독성에 관한 정보
⑫ 환경에 미치는 영향
⑬ 폐기 시 주의사항
⑭ 운송에 필요한 정보
⑮ 법적 규제현황
⑯ 그 밖의 참고사항

No	주요 점검 및 관리사항	비고
1	제조사에서 제공받은 MSDS를 대상물질 취급작업장 내 취급근로자가 쉽게 볼 수 있는 곳에 게시·비치하는가?	그림 2.4.1
2	MSDS는 구성에 맞게 작성되어 있으며, 주기적인 점검을 통해 최신자료로 갱신하였는가?	그림 2.4.2
3	각 실별 및 공정별 물질에 대한 MSDS를 비치하는가?	
4	대상물질을 담은 용기 및 포장에 GHS 경고표시를 하는가?	그림 2.4.3
5	MSDS 목록 리스트는 최신화 되어 있는가?	그림 2.4.4

참고자료
- 『실험실 및 유해화학물질 취급시설 안전관리 매뉴얼(한국환경공단, 2020)』 161p

주요 점검 및 관리사항 예시

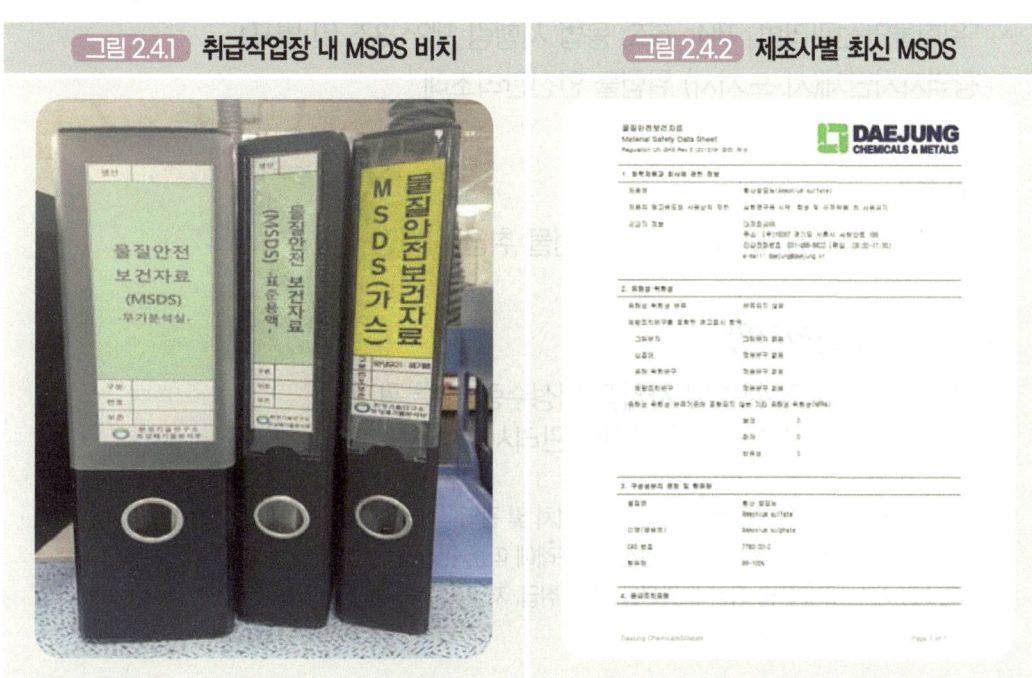

그림 2.4.1 취급작업장 내 MSDS 비치

그림 2.4.2 제조사별 최신 MSDS

그림 2.4.3 시약 소분 시 경고 표시 부착

그림 2.4.4 MSDS 목록 리스트

3 위험물지정수량 관리(위험물안전관리법)

관련규정
- 『위험물안전관리법』 제4~6조, 동법 시행령 제2~3조 및 별표1
- 광역자치단체(시·도지사) 위험물 안전관리조례

적용대상
- 제1류~제6류 위험물로 분류된 위험물 취급 사업장

주요 점검 및 관리사항
- 각 위험물별 지정수량 및 사업장 지정수량 계수 관리
- 지정수량 초과여부에 따른 관련법 관리사항 적용

> **수량초과 시** 위험물안전관리법에 따른 시설설치 및 관리
> **수량미만 시** 광역자치단체 위험물 안전관리조례에 따른 관리
> **지정수량 계수** 2개 품명 이상의 위험물 보관·취급·저장 시 산정하며 1 이상인 경우 지정수량 이상의 위험물로 판단
>
> $$\text{지정수량 계수} = \frac{\text{A품명의 수량}}{\text{A품명의 지정수량}} + \frac{\text{B품명의 수량}}{\text{B품명의 지정수량}} + \frac{\text{C품명의 수량}}{\text{C품명의 지정수량}} \cdots$$

No	주요 점검 및 관리사항	비고
1	위험물 수량 및 지정수량 계수는 상시 기록하여 관리하고 있으며, 관련 법에 따른 시설설치 및 관리가 이루어지고 있는가?	그림 3.1.1
2	위험물을 특성(산화성, 가연성, 발화성, 인화성, 자기반응성 등)에 맞게 종류별로 보관하였는가?	그림 3.1.2
3	보관·취급시 가연성 물품 등을 주변에 방치하지 아니하였으며, 안전하게 보관하고 있는가?	

참고자료
- 『실험실 및 유해화학물질 취급시설 안전관리 매뉴얼(한국환경공단, 2020)』 165p

주요 점검 및 관리사항 예시

그림 3.1.1 위험물 지정수량 관리양식

위험물 해당 시약 지정수량 관리(예시)

시약명	규격 (농도/용량)	제조사	CAS N.	재고(ea)	용도	보관장소	위험물관리법				
							비중	위험류	위험물	위험물지정수량	위험물계수
Acetic Acid	99.7%/500mL	Junsei	64-19-7	1	토양무기	1층	1.049	제4류	인화성액체	2000L	0.0003
Perchloric Acid (70%)	70%/1kg	Junsei	7601-90-3	55	토양무기	1층		제6류	산화성액체	300kg	0.1833
Pyridine	99.5%/500mL	Wako	110-86-1	16	토양유기	1층	0.978	제4류	인화성액체	400L	0.0200
Sodium Tetrahydroborate w/Sodium Bicarbonate	98%/500g	Junsei	16940-66-2	3	토양유기	1층		제3류	자연발화성물질 및 금수성물질	300kg	0.0050
Ammonium Nitrate (1kg)	99%/1kg	Junsei	6484-52-2	19	폐기물	1층		제1류	산화성고체	300kg	0.0633
Acetone	95~100%/4L	Suprasolv Selec	67-64-1	11	토양유기	2층	0.79	제4류	제1석유류(수용성)	400L	0.1100
Ethanol	100%/4L	Lichrosolv	64-17-5	1	토양유기	2층	0.789	제4류	알코올류	400L	0.0100
Methanol	95~100%/4L	Suprasolv Selec	67-56-1	10	토양유기	2층	0.79	제4류	알코올류	400L	0.1000
n-Hexane	95~100%/4L	Suprasolv Selec	110-54-3	10	토양유기	2층	0.66	제4류	제1석유류(비수용성)	200L	0.2000
n-Hexane	95~100%/1L	Suprasolv	110-54-3	0	토양유기	2층	0.66	제4류	제1석유류(비수용성)	200L	0.0000
										합 계 :	0.6919

그림 3.1.2 위험물 종류별 보관

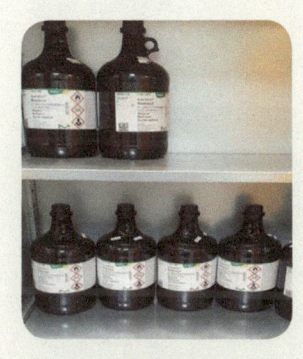

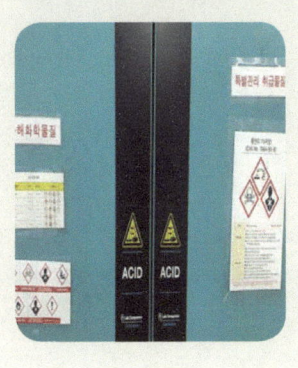

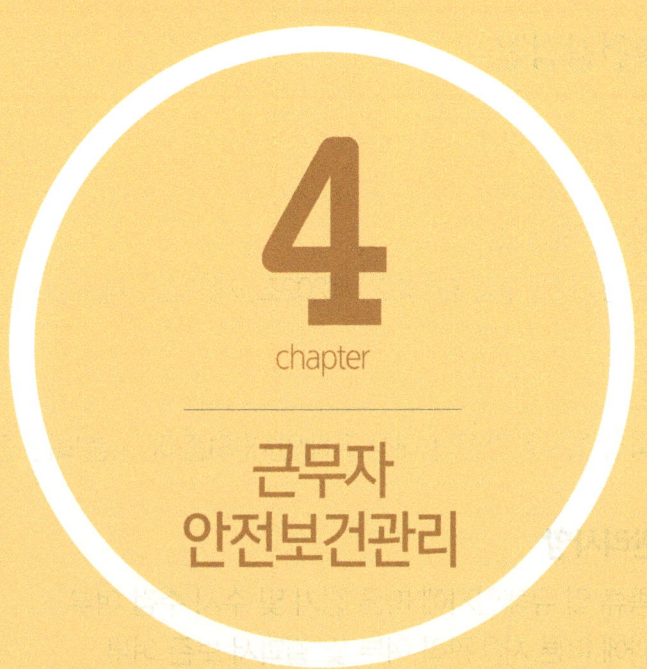

4 chapter
근무자 안전보건관리

1	특수건강검진	64
2	작업환경측정	65
3	개인보호구 지급 및 관리	66
4	MSDS 교육	70
5	산업안전보건 교육	71

1. 특수건강검진

관련규정
- 『산업안전보건법』 제130조
- 『산업안전보건법』 시행규칙 제201조, 제202조, 제210조, 제241조

적용대상
- 관련규정에 따라 특수건강진단 대상 유해인자(181종)에 노출되는 근로자

주요 점검 및 관리사항
- 건강진단의 종류 및 유해인자에 따른 정기 및 수시 수검 여부
- 건강진단 결과에 따른 사후관리 여부 및 결과서 보존 여부

No	주요 점검 및 관리사항	비고
1	신입/전보 직원에 대한 배치전 건강진단을 실시하였는가?	
2	유해인자별 검진 주기에 따라 배치후 건강진단을 실시하였는가?	시행규칙 별표 22
3	유해인자별 검진 주기에 따라 정기 특수건강진단을 실시하였는가?	
4	검진 판정 결과 '업무수행 부적합(다 또는 라)'으로 판정되는 경우 적절한 사후관리를 실시하였는가?	
5	특수건강검진 결과를 5년간 보존하고 있는가?	

건강검진 수행절차

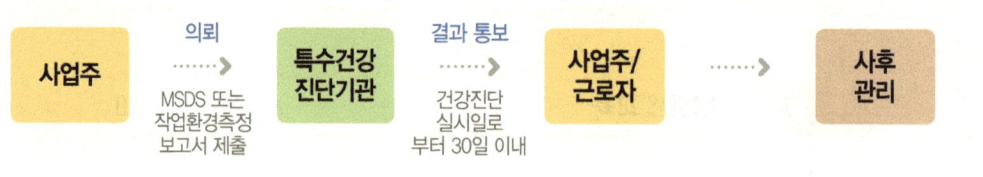

참고자료
- 『실험실 및 유해화학물질 취급시설 안전관리 매뉴얼(한국환경공단, 2020)』 57p

2. 작업환경측정

관련규정
- 『산업안전보건법』 제125조
- 『산업안전보건법』 시행규칙 제189조, 제190조

적용대상
- 관련규정에 따라 작업환경측정 대상 유해인자(190종)에 노출되는 근로자가 있는 작업장

주요 점검 및 관리사항
- 작업공정의 변경 및 대상 유해인자에 따른 작업환경측정 정기 수검 여부
- 작업환경측정 결과에 따른 사후관리 및 결과서 보존 여부

No	주요 점검 및 관리사항	비고
1	작업공정이 신규 또는 변경된 경우, 그 날로부터 30일 이내에 작업환경측정을 실시하였는가?	
2	작업환경측정 유해인자 선별을 위한 예비조사를 실시하였는가?	시행규칙 별표 22
3	첫 작업환경측정일로부터 반기(半期)에 1회 이상 정기 실시하였는가?	
4	작업환경측정 노출기준이 초과한 경우 시료 채취를 마친 날로부터 60일 이내에 시설·설비의 설치·개선 등의 조치를 실시하였는가?	
5	작업환경측정 결과를 5년간 보존하고 있는가?	

건강검진 수행절차

참고자료
- 『실험실 및 유해화학물질 취급시설 안전관리 매뉴얼(한국환경공단, 2020)』 62p

3. 실험실 개인보호구 지급 및 관리

관련규정
- 『산업안전보건기준에 관한 규칙』 제32조 ~ 34조 및 제39조
- 『화학물질관리법』 제14조
- 『보호구 안전인증 고시』
- 『유해화학물질 취급자의 개인보호장구 착용에 관한 규정』
- KOSHA GUIDE(G-12-2013)

적용대상
- 관련규정에 따라 유해화학물질, 소음, 분진 등 유해인자에 노출되는 근로자가 있는 작업장

주요 점검 및 관리사항
- 안전보건 규칙 제32조에 따라 취급물질의 종류와 취급방법을 고려하여 작업 유해인자 별로 보호구를 지급하고 관리

No	주요 점검 및 관리사항	비고
1	소음, 분진, 유해화학물질 등 개인보호구 관리대장에 따라 작업별 유해 인자에 적정한 보호구를 개인별로 구분하여 지급하는가?	그림 3.1.1 그림 3.1.2 그림 3.1.4
2	개인보호구를 상시 점검하여 이상 없이 청결하게 관리하는가?	그림 3.1.5
3	방독마스크 필터는 작업공정별 적정 교환주기에 따라 관리하는가? (예시 : 정화통에 개봉 및 폐기예정일자 표기)	그림 3.1.3

참고자료
- 『실험실 및 유해화학물질 취급시설 안전관리 매뉴얼(한국환경공단, 2020)』 66p

주요 점검 및 관리사항 예시

그림 3.1.1 개인보호구 보관목록

연번	품 목	사 진	규 격	수량
1	전면형 마스크		3M FF402	1개
2	고글		3M 334AF	1개
3	방독마스크 (본체)		3M 7502	1개
4	방독마스크 (필터)		3M 6003K/6006K (유기증기 및 산성가스용/복합가스용)	1set
5	실험복		소매 시보리	1개
6	방진마스크		3M 9322K 방진1급	1개
7	안전슬리퍼		WOCK NUBE	1개
8	내화학 안전화		CM-05	1개
9	귀마개		3M 1100	1개
10	내산성장갑		Solvex 37-676	1개

그림 3.1.2 개인보호구 보관함

그림 3.1.3 방독마스크 정화통 유효기간 표기

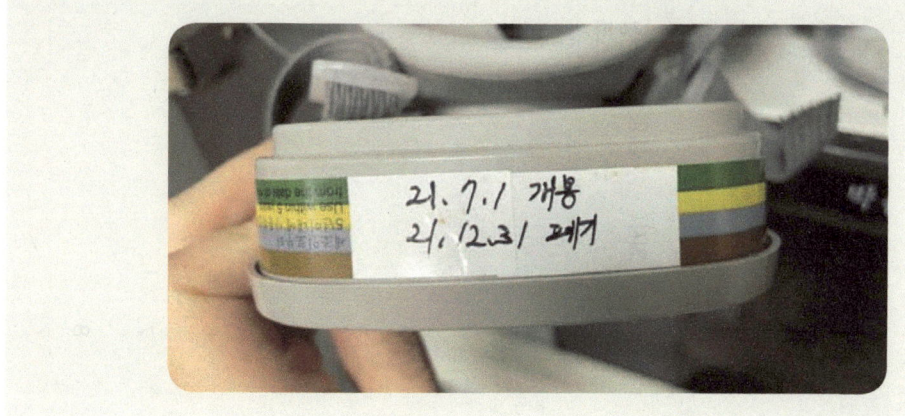

3. 실험실 개인보호구 지급 및 관리

그림 3.1.4 개인보호구 지급대장

개인보호구 지급대장 (예시)

		결재	담당 ○○○	부장 ○○○

연번	일자	성명	지급품목									비고
			전면형 마스크	고글	방독 마스크 (본체)	방독 마스크 (필터)	실험복	방진 마스크	안전 슬리퍼	내화학 안전화	귀마개	내산성 장갑	
1	○○.○○.○○	○○○	1개	1개	1개	1 set	1개	1개	1개	1개	1 set	1개	
2													
3													
4													
5													
6													
7													
8													

| 그림 3.1.5 | 개인보호구 관리대장 |

개인보호구 관리대장

본인은 산업안전보건기준에 관한 규칙 제32조(보호구의 지급 등)에 의거 금일 수령한 보호구를 성실히 착용하겠으며, 보호구의 상시 점검·관리를 통하여 적정성능과 청결을 유지하도록 하겠습니다.

No.	일자	성명	보호구명	서명
1	○○.○○.○○	○○○	전면형 마스크, 고글, 방독마스크(본체), 방독마스크(필터), 실험복, 방진마스크, 귀마개, 슬리퍼, 내화학안전화, 내산성장갑	
2				
3				
4				
5				
6				
7				
10				

4. MSDS 교육

관련규정
- 『산업안전보건법』 제29조, 제110조, 제114조 및 동법 시행규칙 제26조 및 제169조
- 『화학물질의 분류·표시 및 물질안전보건자료에 관한 기준』

적용대상
- 산업안전보건법 상 MSDS 대상물질을 취급하는 근로자

주요 점검 및 관리사항
- 근로자 또는 화학물질 정보가 변경되는 경우 교육을 실시한 후 기록을 보관
  - 교육내용 시행규칙 [별표5] 참고

No	주요 점검 및 관리사항	비고
1	신규채용 또는 작업전환 인원에 대해 MSDS 교육을 실시하는가?	
2	새로운 MSDS대상물질에 대해 MSDS 교육을 실시하는가?	
3	유해성·위해성 정보가 변경된 물질에 대해 교육을 실시하는가?	
4	실시한 MSDS 교육에 대해 시간 및 교육내용을 기록하여 보관하는가?	

참고자료
- 『실험실 및 유해화학물질 취급시설 안전관리 매뉴얼(한국환경공단, 2020)』 285p

5. 산업안전보건교육

관련규정
- 『산업안전보건법』 제29조
- 『산업안전보건법』 시행규칙 제26조, 별표4, 별표8
- 『산업안전보건교육규정』

적용대상
- 관련규정에 따라 사업주는 소속 근로자에 대해 안전보건교육 실시

주요 점검 및 관리사항
- 교육 대상 및 과정에 따른 근로자 안전보건교육 실시 여부
- 유해위험작업 근로자에 대한 특별안전보건교육 실시 여부
- 안전보건관리책임자 등에 대한 안전보건교육 실시 여부

No	주요 점검 및 관리사항	비고
1	신규 채용된 근로자 대상 안전보건교육을 실시하였는가?	시행규칙 별표4
2	작업내용 변경된 근로자 대상 안전보건교육을 실시하였는가? ▷ 근로자가 변경된 작업에 경험이 있는가?(교육의 일부 또는 전부 면제 가능)	시행규칙 별표4
3	사무직/사무직 외 근로자 대상 정기 안전보건교육을 실시하였는가?	
4	유해위험작업 근로자에게 특별안전보건교육을 실시하였는가?	시행규칙 별표5
5	안전보건관리 책임자에게 안전보건교육을 실시하였는가?	
6	안전보건관리 담당자에게 안전보건교육을 실시하였는가?	
7	안전보건교육에 대한 일지를 작성하고 보존하고 있는가?	그림 5.1.1

참고자료
- 『실험실 및 유해화학물질 취급시설 안전관리 매뉴얼(한국환경공단, 2020)』 261p

5. 산업안전보건교육

주요 점검 및 관리사항 예시

그림 5.1.1 산업안전·보건 교육 일지

산업안전·보건 교육 일지			
결재	담당	부장	소장

작성일자 : 2021. 00. 00.   작성자 : OOO   (인)

교육구분	1. 정기교육(2시간 이상/月) 2. 채용 시 교육(8시간 이상) 3. 작업내용 변경 시 교육(2시간 이상) 4. 특별교육(월2시간 이상) 5. 관리감독자 교육(년 16시간 이상) 6. 기 타 (MSDS) 교육

교육인원	구 분	계	남	여	교육 미실시 사유
	교육 대상자수	0 명	0 명	0 명	
	교육 실시자수	0 명	0 명	0 명	
	교육 미실시자수	-	-	-	

교육내용	○ 대상화학물질의 명칭(또는 제품명) ○ 물리적 위험성 및 건강 유해성 ○ 취급상의 주의사항 ○ 적절한 보호구 ○ 응급조치 요령 및 사고시 대처방법 ○ 물질안전보건자료 및 경고표지를 이해하는 방법

교육 일정 및 시간	2021. 00. 00. 00:00 ~ 00:00 (0시간)

교육실시자 및 장소	직책	성명	장소	비 고
	과 장	OOO	C20호 중회의실	

참석자 명단	No.	성명	서명	No.	성명	서명
	1	OOO				
	2	OOO				
	3	OOO				
	4	OOO				
	5	OOO				
	6					

5 chapter
부록

| 1 | 위험업무위험성 평가 | 74 |

- 1-1 정의 및 적용대상 ... 74
- 1-2 수행절차 및 주요사례 ... 75

| 2 | 유해위험성 평가 | 80 |

| 3 | 유해화학물질 취급시설 검사 | 81 |

- 3-1 개요 ... 81
- 3-2 업무절차 및 필요서류 ... 83

1 위험업무위험성 평가

1-1 정의 및 적용대상

위험성평가 정의
- 유해·위험요인을 파악하고 해당 유해·위험요인에 의한 부상 또는 질병의 발생 가능성(빈도)과 중대성(강도)을 추정·결정하고 감소대책을 수립하여 실행하는 일련의 과정

관련규정
- 『산업안전보건법』 제36조 및 동법 시행규칙 제9조, 제37조, 제44조 등
- 『화학물질의 분류·표시 및 물질안전보건자료에 관한 기준』
- 『위험성평가 시행지침』(한국환경공단, 지침 제 270호)

위험성평가 유형

구분	실시주체	주요대상
최초평가	안전관리실	사업장내 전체작업 대상으로 최초 실시
정기평가	안전관리실	최초평가 후 사업장 전반에 대해 매년 정기적으로 평가
수시평가	사업부서	각각의 작업에 있어 신규도입, 변경 등이 있는 경우 • 사업장 건물 설치, 이전, 변경 또는 해체 시 • 기계, 기구, 설비, 원재료 등 신규 도입 또는 변경 시 • 건설물, 기계기구, 설비 등의 정비 또는 보수 • 작업방법 또는 작업절차 신규 도입 또는 변경 시 등

1-2 수행절차 및 주요사례

아래 위험성평가 수행절차에 따라 위험성평가 실시 및 결과보관

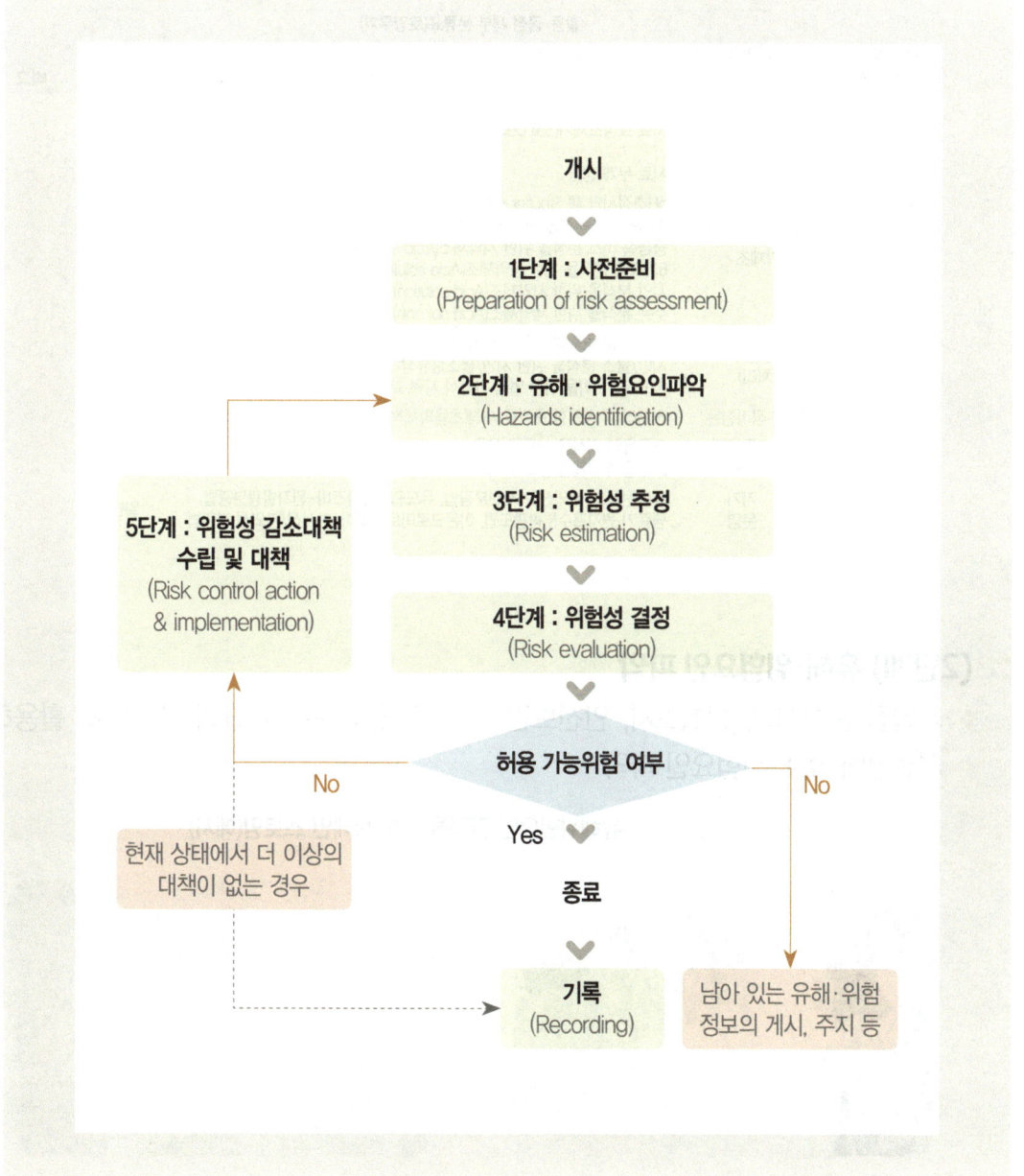

1 위험업무위험성 평가

(1단계) 사전준비
> 위험성평가 실시계획서 작성, 평가대상 선정, 평가에 필요한 안전보건정보 사전 조사

그림 1.2.1 활동·공정 세부분류 내역(예시)

활동·공정 세부 분류표(토양무기)					
취급 일자	토양폐기물분석부	작성일자	2021. 07. 05.	페이지	
공정분류	공정명	세부활동/공정설명		분류	비고
토양무기 분석업무	시료준비	• 토양시료 약 48시간 동안 풍건(자연건조) • 시료 토양조제기(Soil Deagglomerator)를 이용한 파쇄 및 체거름* * 파쇄 시료 10mesh, 100mesh, 150mesh 표준체를 이용한 체거름 • 시료 무게 칭량		일반업무	
	시약제조	• pH측정시약 제조(buffer solution) • 중금속 5종 분석을 위한 시약제조(Acid solution) • 중금속 비소 분석을 위한 시약제조(Acid solution) • 6가크롬 분석을 위한 시약제조(Acid solution) • 시안 분석을 위한 시약제조(Acid solution) • 수은 분석을 위한 세약제조(Acid solution)		일반업무	
	실험시작 (전처리)	• 중금속 분석을 위한 환류냉각장치 가동 • 시안/불소 분석을 위한 시안/불소증류장치 가동 • 6가크롬 분석을 위한 멀티 가열식 자력 교반기 가동		일반업무	
	세척 및 정리정돈	• 전처리 후 사용한 초자류 세척(초음파세척) 및 정리정돈		일반업무	
	기기분석	표준용액 조제	• 표준용액 희석용 산용액 사용 • 표준용액 단계별 농도 희석	일반업무	
		기기 운영	• 유리전극법, 자외선/가시선분광법, 유도결합플라즈마-원자발광분광법, 냉증기 원자흡수분광광도법, 이온크로마토그래피-가시선/자외선 분광법	일반업무	

(2단계) 유해·위험요인 파악
> 사업장 순회점검, 청취조사, 안전보건 자료 및 안전보건 체크리스트 등을 활용하여 사업장내 유해·위험요인 파악

그림 1.2.2 유해위험요인 결정을 위한 브레인 스토밍(예시)

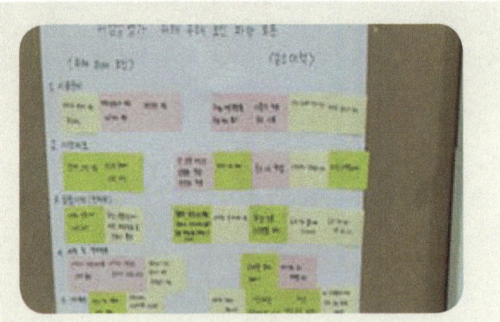

(3단계) 위험성 추정

> 유해·위험요인이 부상 또는 질병으로 이어질 수 있는 가능성(빈도)과 중대성(강도)의 크기를 추정하여 행렬(Matrix)법, 곱셈법, 덧셈법 등을 이용하여 위험성 크기 산출

표 1.2.1　가능성 및 중대성 추정

- **중대성 추정**

구분	가능성		내용
최대	사망 (장애발생)	4	사망 또는 영구적 근로불능으로 연결되는 부상·질병(업무에 복귀 불가능), 장애가 남는 부상·질병
대	휴업 필요 부상/질병	3	휴업을 수반하는 중대한 부상 또는 질병(일정 시점에서는 업무에 복귀 가능(완치가능))
중	휴업 불필요 부상/질병	2	응급조치 이상의 치료가 필요하지만 휴업이 수반되지 않는 부상 또는 질병
소	비치료	1	처치(치료) 후 바로 원래의 작업을 수행할 수 있는 경미한 부상 또는 질병(업무에 전혀 지장이 없음)

- **가능성 추정**

구분	가능성	내용
최상	5	· 중대재해가 발생한 경우에는 빈도를 5등급으로 산정한다. · 피해가 발생할 가능성이 매우 높음해당 안전대책이 되어 있지 않고, 표시·표지가 없으며, 안전수칙·작업표준 등도 없음
		1일 1회 정도 발생(노출)
상	4	· 피해가 발생할 가능성이 높음가드·방호덮개, 기타 안전장치를 설치하였으나, 해체되어 있으며, 　안전수칙·작업표준 등은 있지만 지키기 어렵고 많은 주의를 해야함
		주 1회 혹은 수일 내 발생(노출)
중	3	· 부주의하면 피해가 발생할 가능성이 있음안전장치는 설치되어있지만, 작업의 편의상으로 근로자가 쉽게 　해제하여 위험원과 접촉이 있을 수 있으며, 안전수칙·작업표준 등은 있지만 일부 준수하기 어려운 점이 있음
		분기 1회 정도 발생(노출)
하	2	· 피해가 발생할 가능성이 낮음 　가드·방호덮개 등으로 보호되어있고, 안정장치가 설치되어 있으며, 위험영역에의 출입이 곤란한 상태이고, 　안전수칙·작업표준(서) 등이 정비되어 있고 준수하기 쉬우나, 피해의 가능성이 남아 있음
		반기 1회 정도 발생(노출)
최하	1	· 피해가 발생할 가능성이 매우 낮음 　가드·방호덮개 등으로 둘러싸여 있고 안전장치가 설치되어 있으며, 위험영역에의 출입이 곤란한 상태 등 　전반적으로 안전조치가 잘 되어있음
		1년 1회 정도 발생(노출)

그림 1.2.3　가능성 및 중대성 추정

$$\text{위험성 (Risk)} = \text{사고발생 가능성 (빈도)} \times \text{사고발생 가능성 (강도)}$$

(4단계) 위험성 결정

- 유해·위험요인별 위험성 추정 결과와 사업장 자체적으로 설정한 허용 가능한 위험성 기준을 비교하여 추정된 위험성의 크기가 허용 가능한지 여부를 판단

그림 1.2.4 위험성 허용 가능 여부 판단(예시)

위험성 크기		허용 가능 여부	개선 방법
16 ~ 20	매우 높음	허용불가능	즉시 개선
15	높음		가급적 빨리 개선
9 ~ 12	약간 높음		계획적으로 개선
8	보통		점진적으로 개선
4 ~ 6	낮음	허용가능	교육 및 안전수칙 준수
1 ~ 3	매우 낮음		현상태 유지

표 1.2.2 위험성 결정

작업공정명 : 토양오염(유기)분석			위험성평가						평가일시 : [illegible]			
세부 작업 내용	유해 위험요인 파악: 위험 분류	유해 위험요인 파악: 위험발생 상황 및 결과	관련근거 (산업안전 보건규칙)	현재의 안전보건조치	위험성: 가능성 (빈도)	위험성: 중대성 (강도)	위험성: 위험성	위험성 감소대책	개선후 위험성	개선 예정일	완료일	담당자
전처리	화학(물질)적 요인	유기용매사용에 따른 피부접촉 및 근로자 흡입	제34조 (보호구 지급) 제72조 (환기장치의 가동) [illegible]	1.마스크 착용 2.후드내 작업 3.샤워부스 및 아이워시 설치	3	3	9(약간 높음)	① 마스크·실험복·고글·장갑·안전화 착용 ② 후드내 작업 ③ 샤워부스 및 아이워시 설치 ④ 흄후드장치 풍속제어(0.4m/s) ⑤ 흄후드 정기점검(월1회이상) ⑥ 미숙련자 단독 작업 금지 ⑦ 유해물질취급 특별안전교육 실시	4(낮음)	상시	상시	[illegible]
		유기용매 가열, 증발과정에서 인화성물질 폭발, 화재위험	제225조 (위험물질 등의 제조 등 작업시의 조치) 제231조 (인화성 액체 등을 수시로 취급하는 장소)	1.인화성캐비닛 별도 보관 2.캐비닛 환기장치	4	4	16(매우 높음)	① 인화성캐비닛 별도 보관 ② 캐비닛 환기장치 ③ MSDS 실험실 비치 ④ 점화원 우려지역 격리 ⑤ 정전기 방지 접지공사(예정)	6(낮음)	상시	상시	[illegible]
	기계(설비)적요인	전처리 과정에서 초자류 파손에 따른 긁힘, 베임	제82조 (구급용구)	1.구급약품키트 비치 2.비상조치요령 부착	3	3	9(약간 높음)	① 구급약품키트 비치 ② 비상조치대응요령 부착 ③ 미숙련자 안전교육	6(낮음)	상시	상시	[illegible]
세척	기계(설비)적 요인	세척시 손상된 초자에 의한 자상	제34조 (보호구 지급)	라텍스재질 장갑 착용	2	3	6(낮음)	① 오래된 초자 폐기 ② 안전보호구(전용장갑) 착용 ③ 구급약품키트 비치	3(매우 낮음)	[illegible]	[illegible]	[illegible]
	화학(물질)적 요인	세척시 잔류 휘발물질의 근로자 흡입	제34조 (보호구 지급)	전용 마스크 착용	3	3	9(약간 높음)	① 마스크·실험복·고글·장갑·안전화 착용 ② 세척시 관계자외 출입금지 ③ 즉시용매밀봉 후 폐액통 처리	3(매우 낮음)	상시	상시	[illegible]

(5단계) 위험성 감소대책 수립 및 실행

> 위험성 감소대책 수립 및 실행 : 위험성 결정 결과 허용 불가능한 위험성을 합리적으로 실천 가능한 범위에서 가능한 낮은 수준으로 감소시키기 위한 대책을 수립하고 실행

표 1.2.3 위험성 결정

기록

> 위험성평가 활동사항 및 결과를 문서작성 후 보존(3년이상)

참고자료

> 『실험실 및 유해화학물질 취급시설 안전관리 매뉴얼(한국환경공단, 2020)』 86p

2. 유해위험성 평가

■ 적용대상
> 화학물질을 취급하는 공단 각 사업부서에서는 유해·위험요인 파악 및 현재의 안전보건조치 사항에 관한 위험성평가를 작성

■ 작성방법
> CMR* 물질 구분 작성

  *Carcinogenicity(발암성), Mutagenicity(생식세포 변이원성), Reproductive toxicity(생식독성)

  – **발암성** GHS MSDS [11. 독성에 관한 정보] 및 「화학물질의 분류·표시 및 물질안전 보건자료에 관한 기준 [별표 1]」에 따라 1A, 1B, 2 로 구분하여 작성함.
  – **변이원성 및 생식독성** 안전보건공단 화학물질정보 관련 사이트에서 ECHA 사이트로 접속하여 등급 확인

> MSDS기준 물성 및 특성 기입
  – **성상** MSDS의 [9. 물리화학적 특성]
  – **노출기준** MSDS의 [8. 노출방지 및 개인보호구] 확인
  – **유해위험문구** MSDS의 [2. 유해성·위험성]
  – **위험문구** MSDS의 [15. 법적 규제 현황]

> (기타) 비산성(고,중,저) 및 밀폐 환기상태 등 기입

표 2.1.1 화학물질 위험성평가 작성 예시

화학물질명	CMR물질			성상	측정치 mg/㎥	노출기준 mg/㎥	비산성	밀폐 환기 상태	유해 위험 문구
	발암성 (C)	변이원성 (M)	생식독성 (R)						
CaX	1A	1B	2	고체	0.2	2 (ACGIH)	2(중)	2(양호)	H314 H318

3. 유해화학물질 취급시설 검사

3-1 개요

적용대상

- 유해화학물질 취급시설(제조·사용시설, 실내저장·보관시설, 실외저장·보관시설, 지하저장시설, 차량운송·운반시설, 사업장 외 배관이송시설로 구분)을 설치·운영하는 자는 법으로 정하는 배치, 설치 및 관리기준 등에 따라 유해화학물질 취급시설을 설치·운영하여야 하며, 지정된 검사기관에서 설치·정기·수시검사·안전진단을 받아야 함

구분			시기/주기
설치검사			유해화학물질 취급시설 설치 완료 후 해당시설 가동 전
정기검사	영업허가* 대상		매1년 마다(최초 정기검사일 전후 30일 이내)
	영업허가 비대상		매2년 마다(최초 정기검사일 전후 30일 이내)
수시검사	화학사고 발생		화학사고 발생한 후 7일 이내
	화학사고 발생 우려		지방환경관서의 장이 통지 시
안전진단	설치/정기검사결과 안전상의 위해 우려시		검사결과를 받은 날부터 20일 이내
	장외영향평가 위험도판정등급	결과없음	매4년 마다
		고위험도	매4년 마다
		중위험도	매8년 마다
		저위험도	매12년 마다

*영업허가 대상(화학물질관리법 제27조) : 유해화학물질 제조업, 보관저장업, 운반업, 사용업

관련규정

- 「화학물질관리법」 제24조
- 「취급시설의 설치·정기·수시검사 및 안전진단의 방법 등에 관한 규정」
- 「유해화학물질 취급시설 검사 및 안전진단 수수료에 관한 규정」(한국환경공단, 지침 제270호)
- 「유해화학물질 취급시설 설치 및 관리에 관한 고시」

3. 유해화학물질 취급시설 검사

검사기관
- 한국환경공단, 한국산업안전보건공단, 한국가스안전공사, 그 외 환경부장관이 지정·고시한 기관

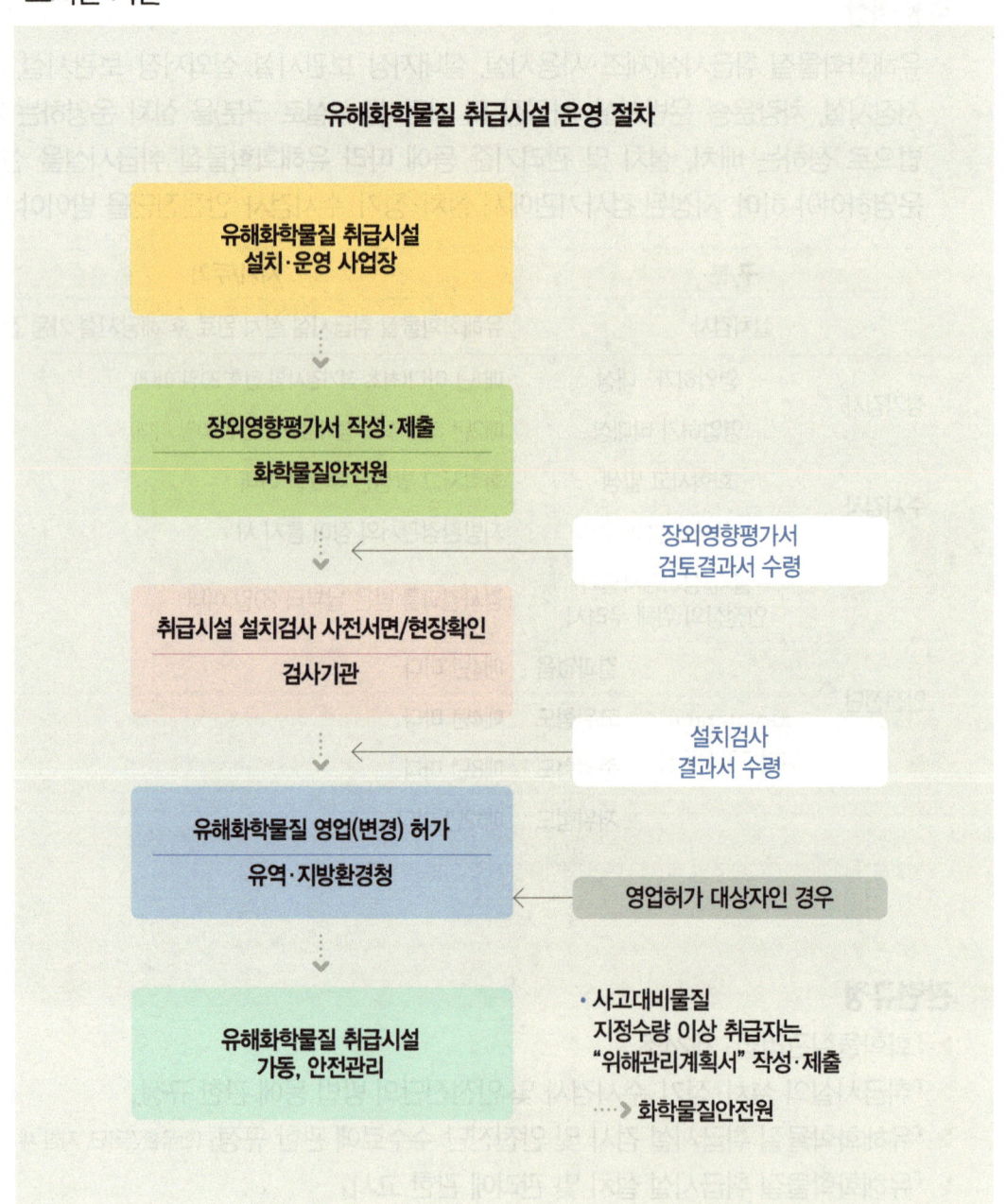

3-2 업무절차 및 필요서류

설치·정기·수시검사 및 안전진단 관계 및 순서

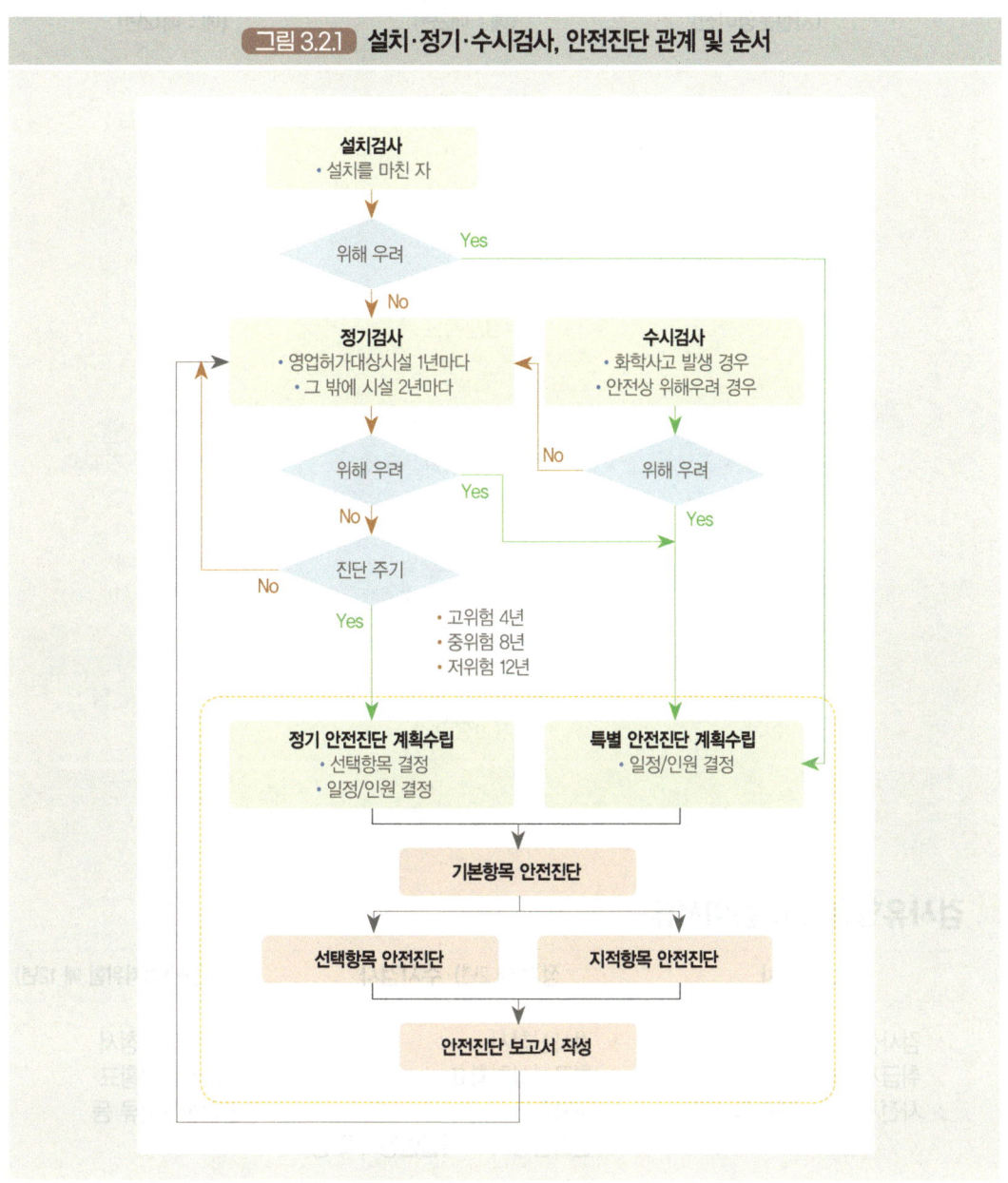

그림 3.2.1 설치·정기·수시검사, 안전진단 관계 및 순서

3. 유해화학물질 취급시설 검사

검사유형별 업무처리 절차

검사유형별 주요 준비서류

설치검사	정기(매 2년)·수시검사	안전진단(저위험 매 12년)
› 검사신청서 › 취급시설현황표 › 사전서면검사자료 등	› 검사신청서 › 취급시설현황표 › 허가증 › 전회검사이후 시설변경목록 등	› 안전진단신청서 › 취급시설현황표 › 안전진단서류 등

정기검사 필요서류

번호	관련서류	관련법령
1	유해화학물질 취급시설과 관련된 검사서 또는 확인증 (지하저장시설 누출/가스저장탱크/전기설비/압력탱크 검사서, 내압시험/비파괴 성적서, 방폭인증서, 내화재료/방화문 성적서 등)	
2	방지시설(폐수배출시설, 대기배출시설 등) 허가증 또는 신고필증	
3	유해화학물질 현장배치도, 공정흐름도(PFD), 배관 및 계장도(P&ID) 및 공정설명자료 등	
4	장외영향평가서	법 23조
5	근로자 안전교육 관련서류 (교육일지, 수료증, 확인서, 교육결과보고서(1년1회 보고))	법 33조
6	유해화학물질 취급시설 자체점검 일지(주1회 검사, 5년간 보존)	법 26조
7	물질안전보건자료(MSDS : Material Safety Data Sheet)	
8	유해화학물질 관리대장	법 50조
9	외부인 출입관리대장(사고대비물질, 1년 이상 보존) - CCTV 기록물로 대체가능(1년 이상 보존)	법 40조
10	인수인계 대장(사고대비물질) - 인수자 이름, 주소, 전화번호, 물질종류, 양(3년이상 보존)	법 40조

참고자료

- 『실험실 및 유해화학물질 취급시설 안전관리 매뉴얼(한국환경공단, 2020)』 33p

실험실 안전관리 핸드북

초판 인쇄   2025년 04월 14일
초판 발행   2025년 04월 17일

저　자 한국환경공단
발행인 김갑용

발행처 진한엠앤비
주소 서울시 서대문구 독립문로 14길 66 205호(냉천동 260)
전화 02) 364 - 8491(대) / 팩스 02) 319 - 3537
홈페이지주소 http://www.jinhanbook.co.kr
등록번호 제25100-2016-000019호 (등록일자 : 1993년 05월 25일)
ⓒ2025 jinhan M&B INC, Printed in Korea

ISBN 979-11-290-5913-0   (93530)   [정가 10,000원]

☞ 이 책에 담긴 내용의 무단 전재 및 복제 행위를 금합니다.
☞ 잘못 만들어진 책자는 구입처에서 교환해 드립니다.
☞ 본 저작물은 한국환경공단에서 2022년작성하여 공공누리 제1유형으로 개방한 저작물을 이용하였으며, 해당 저작물은 한국환경공단 대표누리집(https://www.keco.or.kr)에서 무료로 다운받으실 수 있습니다.
☞ 본 도서는 [공공데이터 제공 및 이용 활성화에 관한 법률]을 근거로 출판되었습니다.